청소년이 꼭 알아야 할 과학상식 130가지

청소년이 꼭 알아야 할
과학상식
130가지

초판 인쇄 ǀ 2009년 8월 10일
초판 발행 ǀ 2009년 8월 15일
엮은이 ǀ 김이리
펴낸곳 ǀ 도서출판 새희망
펴낸이 ǀ 조병훈
디자인 ǀ 디자인 감7
등록번호 ǀ 제38-2003-00076호
주소 ǀ 서울시 동대문구 제기동 1157-3
전화 ǀ 02-923-6718   팩스 ǀ 02-923-6719

ISBN 978-89-90811-20-2 43400

값 10,000원

* 잘못된 책은 바꿔드립니다.

청소년이 꼭 알아야 할

과학상식

130가지

김이리 | 엮음

새희망

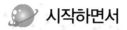 **시작하면서**

　'과학' 하면 먼저 무슨 생각이 드나요? "아유, 골치 아파! 과학은 과학자들이나 하게 놔두세요. 골치 아파요." 혹시 이런 생각을 하고 있지는 않나요?

　그러나 알게 모르게 우리는 과학의 바다에서 살고 있답니다. 매일매일 아침에 일어난 후부터 저녁에 잘 때까지를 한 번 생각해 보세요. 집안 창문을 열어 맑은 공기가 들어오도록 환기를 하고, 전기밥솥에서는 밥이 보글보글 끓고, 청소기가 왱왱 집안의 먼지를 말끔히 빨아들입니다. 귀에 이어폰을 꽂은 채 버스나 지하철을 타고 학교에 가고, 컴퓨터를 검색해 자료를 찾아 숙제도 합니다.

　이렇듯 우리가 깨닫든 깨닫지 못하든 과학의 쓰임새란 이루 말할 수 없을 만큼 큽니다. 그리고 이 모든 것이 과학을 응용해 생활하는 여러분 자신이 모두 꼬마 과학자들이랍니다.

'과학'은 자연·사회 등에 대한 체계적인 지식, 또는 그것을 밝히는 학문을 가리키는 말입니다. 우리가 과학과 친해져야 하는 이유는 원리를 이해하고 창의적으로 활용하는 힘을 길러주기 때문입니다.

　재미있고 고마운 과학의 세계는 엄청나지만 이 책에서는 할 일도 많고 바쁜 우리 청소년들이 꼭 알아야 할 130가지 과학상식들만을 골라 실었습니다. 그리고 페이지마다 흥미로운 팁 '원 플러스 원!' 코너에서 심층 포인트를 다루었습니다.

　창의력은 호기심에서 비롯되지만 호기심은 먼저 사물이나 현상에 관한 지식을 읽고 알아야 생깁니다. 많이 읽고 듣고 암기된 지식을 생활 속에 적용하다 보면, 거기에서 창의력이 발휘되는 것이지요.

먼저 우리 주변에서 쉽게 접할 수 있는 과학 상식부터 두루 살펴볼까요? 그 다음에는 분명히 이전보다는 좀더 과학적 사고방식을 지닌 논리정연한 안목을 지닐 수 있을 거예요.

- 김이리(작가)

차례

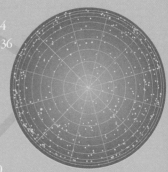

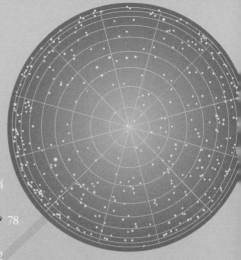

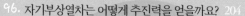

과학이란 무엇일까요?

"

자연 및 사회에서의 사물과 과정의 구조와 성질 등을 조사하여 그 객관적 법칙을 탐구하는 인간의 이론적 인식활동과 그 소산인 체계적·이론적 지식을 통틀어 일컫는 말입니다.
과학의 종류는 크게 자연과학과 사회과학으로 나누어 볼 수 있는데, 더 자세히 나누어보면 다음과 같습니다.

행동과학 : 인간 행동의 일반 법칙을 체계적으로 연구하는 과학.
정신과학 : 정신의 현상을 연구하는 과학.
정밀과학 : 수학·화학·물리학 따위와 같이 양적 관계를 엄밀하게 측정함으로써 이루어지는 과학.
자연과학 : 자연의 현상을 연구 대상으로 하는 과학.
기초과학 : 공학·응용과학 등의 밑바탕이 된다는 뜻에서, 자연과학, 즉 순수

과학을 일컫는 말.

인문과학 : 정치 · 경제 · 사회 · 역사 · 철학 · 문예 등의 인류문화에 관한 모
든 학문.

이론과학 : 순수한 지식의 원리만 연구하는 과학.

응용과학 : 의학 · 농학 · 공학 등과 같이 이미 얻은 지식을 사회생활에 응용하
는 것을 주된 목적으로 하는 과학.

역사과학 : 독일의 철학자 빈델반트가 학문의 방법상 '특수 사실의 개별성을
기술하는 학문' 을 자연과학(법칙과학)에 대립시켜 일컫는 말.

규범과학 : 어떤 사실이 어떻게 있어야 하는가 하는 당위, 곧 규범을 세우는 학문.

실험과학 : 주로 실험에 의하여 법칙을 찾고 또 응용 방법을 찾는 과학.

생명과학 : 생명과 관계가 있는 생리학 · 생태학 · 생물화학 · 생물공학 · 의
학 · 인류학 · 언어학 · 사회학 따위를 종합하여 연구하는 과학.

가정에서는 왜 220V(볼트) 전압을 사용할까요?

전압은 높으면 높을수록 감전 사고의 위험성이 커집니다. 그런데도 기존의 110V 대신에 220V를 사용하는 이유는 무엇일까요? 먼저 송전소에서 고전압으로 송전하는 이유는 송전 도중 송전선에서의 전력 손실을 줄이기 위해서입니다.

하지만 가정에서 전압을 110V에서 220V로 승압한 이유는 이와는 다릅니다. 옛날에 비해 가정에서 사용하는 전기제품의 숫자가 늘어남에 따라 가정에 많은 양의 전기가 공급되어야 할 필요성이 커졌습니다.

예전에는 텔레비전 정도에만을 사용했다면 지금은 헤어드라이어나 휴대폰 · 컴퓨터 · 전자레인지 등 가전제품만 해도 옛날과는 비교할 수 없을 만큼 쓰임새가 많아졌습니다. 따라서 가정에 공급되는 전기에너지의 양을 늘리지 않을 수 없기 때문에 우리나라는 가정의 전압을 110V에서 220V로 올리는 방법을 택했습니다.

그 이유는 가정용 옥내 배선을 통과할 수 있는 전류의 양은 제한되어 있기 때문에 전압을 높이면 그만큼 큰 전력을 사용할 수 있어서입니다. 수압이 세면 수도관을 바꾸지 않고도 같은 시간 내에 더 많은 수돗물을 사용할 수 있는 것과 같은 이치입니다. 가정용 전압을 110V에서 220V로 올리면 옥내의 전선을 바꾸지 않고도 약 2배의 전기를 사용할 수 있답니다.

쑥쑥 원 플러스 원!

맨홀 뚜껑을 둥글게 만든 이유는?

원은 원의 중심을 지나는 어느 방향으로 길이를 재든 똑같습니다. 동전을 세우듯 원형의 맨홀 뚜껑을 세우더라도 빠지지 않습니다. 사각형의 맨홀 뚜껑은 가로의 길이나 세로의 길이가 대각선의 길이보다 짧습니다. 사각형의 맨홀 뚜껑을 세로로 세웠을 때 맨홀의 대각선 쪽으로 빠져버리게 됩니다. 사각형이든 오각형이든 마찬가지입니다. 또 중요한 이유 중의 하나는 여름과 겨울철에 맨홀 뚜껑이 팽창과 수축을 하게 되는데 이때 각이 있는 맨홀 뚜껑이라면 각진 부분이 잘 맞지 않아 틀어지게 됩니다. 하지만 원형인 경우는 전체적으로 고르게 수축과 팽창을 하기 때문에 그런 걱정을 할 필요가 없는 것입니다.

감기에 걸리면 왜 기침과 콧물이 나올까요?

감기는 우리가 가장 잘 걸리는 익숙한 질병의 하나입니다. 그 원인에는 여러 가지가 있으나 주된 원인은 바이러스가 몸속에 들어가 걸리게 됩니다. 50여 종이나 되는 바이러스 가운데 어느 하나가 코나 목구멍의 점막에 들어가 붙어 있다가 번식하면서, 24시간이 지나면 증세가 나타나기 시작합니다.

콧물은 나오는 까닭은 바이러스가 코의 점막을 침범하면 그 부분의 조직은 염증을 일으켜 붓거나 충혈됩니다. 이것은 침입해 온 바이러스를 죽이려고 하는 조직의 활동 때문이며, 이때 그 부분에 혈액 속의 수분이나 바이러스를 먹어 없애는 구실을 하는 백혈구가 많이 나오게 됩니다. 이들은 바이러스가 번식하면서 파괴시켜 죽인 코의 점막세포들과 함께 몸 밖으로 내보내지는데, 이렇게 해서 나오는 것이 콧물입니다. 그러므로 콧물은 우리 몸의 죽은 세포의 잔해를 밖으로 내보내는 중요한 구실을 합니다.

기침은 보통 우리 몸 안에 생긴 가래를 몸 밖으로 내보내기 위해 일어나는 현상입니다. 가래가 생기면 그것 때문에 기침이 나옵니다. 하지만 감기에 걸렸을 때는 가래가 별로 많지 않아도 기침이 나와 콜록거립니다. 이와 같이 가래가 없어도 기침이 나오는 것은 감기에 걸리면 기관지나 기관지의 점막에 바이러스가 침투하여 염증을 일으키기 때문에 신경이 크게 자극을 받아서입니다. 감기로 인해서 생기는 기침은 약을 먹어 가라앉히는 것이 좋습니다. 감기에 대한 여러 가지 민간요법이나 처방은 많지만, 사실 특별한 예방법이나 치료 방법은 아직도 밝혀진 것이 없습니다.

쑥쑥 원 플러스 원!

코가 막히면 귀가 먹먹한 이유는?

코와 귀가 연결되어 있기 때문입니다. 연결된 부분을 이관, 또는 유스타키안 튜브라고 합니다. 이 이관은 평소에는 닫혀 있다가 하품을 하거나 침을 삼키면 열리게 되어 바깥 대기압과 고막 안쪽 귀 내부(중이)의 압력을 같게 해 주는 역할을 합니다. 우리가 비행기를 탈 때, 껌을 씹는 이유도 다 이 이관을 열리게 하여 대기압과 맞추려는 노력입니다. 따라서 코가 막힌 채 음식을 먹으면 중이 내에 빨려 들어가는 음압이 걸리게 되어 귀가 먹먹하게 되는 것이랍니다.

감자의 싹에는 정말 독이 있을까요?

감자에는 영양도 풍부하지만 솔라닌과 차코닌 등의 독도 있습니다.

감자의 싹에 독이 있는 이유는 다음 세대로 이어져 나가기 위한 일종의 자기 보호방법입니다. 대부분의 감자에는 100g당 15mg 정도 함유되어 있는데, 부패된 감자나 감자 싹에는 농도가 매우 커서 심각한 중독을 일으킬 수 있습니다.

대부분의 감자는 겨울동안 땅속에 있다가 봄에 싹을 틔우게 되는데 바로 그때 야생조류의 좋은 먹잇감이 됩니다. 감자는 나중에 싹을 틔워야 하기 때문에 번식을 위해서는 가장 중요한 역할을 수행한다고 할 수 있습니다. 감자는 싹의 독성으로 인하여 동물들에게 먹히지 않게 되어 생명을 이어 나갈 수 있기 때문이지요.

감자의 독은 어떤 방법으로 조리를 하더라도 파괴되지 않습니다. 그러므로 먹을 때는 반드시 싹을 완전히 잘라내야 합니다. 싹을 잘라내고 먹으면 괜찮지만 그보다는 보관을 잘하여 아예 싹이 나지 않도록 해야 합니다.

감자를 싸게 사려고 박스째로 많이 구입하는 경우에는 빠른 시간 내에 다 먹지 못하게 되어 싹이 나게 됩니다. 그럴 때는 감자 박스에 사과를 하나 넣어 두면 싹이 트는 것을 막을 수 있답니다.

쑥쑥 원 플러스 원!

덜 익은 과일이 떫은
이유는?

떫은 감이 떫은 이유는 감 속에 있는 타닌 성분 때문입니다. 주로 덜 익은 과일이나 찻잎 속에 함유되어 있답니다.
타닌의 수렴 작용은 변을 굳게 하는 반면 위궤양을 가진 사람에게는 오히려 좋은 작용을 할 수도 있지요. 바로 이 타닌의 수렴 작용이 감의 떫은맛을 좌우하는 것입니다.

4

강에서 사는 물고기는 왜 바다에서 살지 못할까요?

삼투현상 때문입니다. 삼투현상이란 것은 염분의 농도 차이에 의해 물이 투과성 막을 넘어 이동하는 것을 말합니다. 쉽게 말하면 세포의 내부보다 외부의 염도가 높으면 세포 속의 물이 밖으로 빠져나가 나중에는 탈수상태가 된답니다. 반대로 세포 속보다 외부의 염도가 낮으면 물이 세포 속으로 흘러들어 세포를 붙게 합니다.

물고기들은 물속에서 살아야 하므로 몸에 수분과 전해질(염분) 균형을 유지하는 데 있어 그들 나름의 독특한 방법을 사용하고 있습니다. 이를 '삼투조절'이라고 합니다.

대부분의 어류에 있어 민물고기인가 바닷물고기인가를 결정하는 것은 이 삼투조절 시스템의 차이 때문이랍니다.

삼투압현상에 의하면 바다에 사는 물고기는 몸의 수분을 외부로 빼앗겨 조직의 염도가 높아져 살 수 없게 되어 있답니다. 그 이유는 바닷물고기의 몸 조직의 염도는 1.5%이며 바다물의 염도는 3.5%이기 때문입니다. 그러나 이렇게 물이 계속 체외로 상실되는 현상에 대처하기 위하여 바닷물에 사는 경골어류들은 짠물을 많이 삼키면서 오줌은 조금 싸며 과잉 염분은 아가미에 있는 특수 세포를 통해 외부로 방출시킨답니다. 만약 이 기능이 없다면 바닷물고기는 모두 탈수증으로 죽어 버릴 것입니다.

이에 비해 민물고기는 바닷물고기와는 반대되는 문제에 부딪치게 됩니다. 즉 몸속의 염도보다 외부의 염도가 낮으므로 수분을 빼앗기는 것이 아니라 수분이 몸으로 흡수되어 세포가 홍수를 만나 죽게 됩니다. 그러나 민물고기는 신장을 통해 수분을 끊임없이 방출하면서 염분을 적극적으로 흡수한답니다.

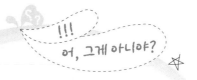
!!!
어, 그게 아니야?

발톱이 손톱보다 늦게 자란다?

손톱·발톱은 일정한 생장주기라는 것이 없습니다.
항상 자라는데 손톱과 발톱은 모두 하루에
약 0.1~0.15mm 정도가 자랍니다. 즉, 손톱과 발톱의
생장 속도는 동일한 것입니다. 발톱보다는 손톱을 더 자주
깎기 때문에 손톱이 더 빨리 자란다고 생각할 수도
있지만, 다만 양말과 신발에 마찰이 되어
닳아 없어지기 때문일 뿐입니다.

갯벌이 왜 중요할까요?

'생명의 보고'라고 불리는 갯벌은 밀물과 썰물이 교차함으로써 하루 중에 반이 바다로, 나머지 반이 육지로 드러나는 지역 중 모래나 펄로 이루어진 지역을 말합니다.

갯벌은 해양과 육상의 두 생태계가 겹치는 곳입니다. 그래서 징검다리의 역할을 할 뿐만 아니라, 육지로부터 계속하여 영양분이 흘러 들어오므로 중요한 수산물들이 많이 생산되는 곳으로 그 생산력이 매우 높습니다.

많은 연구 결과 갯벌의 생산력은 지구의 허파라고 불리는 열대 우림이나 수중 생태계의 꽃이라 불리는 산호초 해역 등에 비교할 수 없을 만큼 높은 것으로 밝혀지고 있습니다. 갯벌은 세계적으로 살펴볼 때 몇 나라만이 가지고 있는 독특한 지역으로 우리나라의 갯벌은 세계 5대 갯벌 가운데 하나입니다.

우리나라는 전 국토의 약 7% 정도의 면적이 갯벌로 이루어져 있고, 그곳은 다양한 생물들의 서식처이기 때문에, 전 세계 과학자들이 부러워한답니다. 갯벌이 발달한 지역은 주로 완만하고 주변에 강 하구가 발달하여 육지로부터 담수가 유입되면서 흙의 운반과 침식이 반복되는 지역입니다.

쑥쑥 원 플러스 원!

잠수병이 생기는 이유는?

잠수병이란 스쿠버 다이버들이나 깊은 바닷속에서
작업하는 해녀들에게 많이 생기는 병입니다.
바닷속 깊은 데까지 들어갔다가 수면 위로 올라올 때
너무 빨리 올라오게 되면, 즉 감압(압력을 줄이는 일)이
빨리 이루어질 때 우리 체내 혈관에 거품이 생겨
잠수병(감압병)이 나타나게 됩니다. 이때 청력의
이상이나 어지럼증 같은 현상이 일어나기
때문에 수심 깊은 곳에서 감압할 때는
천천히 해야 합니다.

고압선 위의 참새는 왜 감전되지 않을까요?

6

높은 전류가 흐르고 있는 고압선에 사람의 몸이 닿으면 매우 위험합니다. 감전이 되기 때문입니다. 감전이라는 것은 사람이나 새의 몸을 통해 전류가 흘러 충격을 주는 현상입니다. 전류가 흐르기 위해서는 전압이 있어야 하는데, 전압이란 일종의 압력과 같아서 높낮이가 있어야 전류가 흐를 수 있습니다.

우리는 거리에서 흔히 참새가 수만 볼트가 흐르는 고압선 위에 옹기종기 앉아 있는 모습을 봅니다. 감전도 되지 않고 아주 멀쩡합니다.

사람이 고압선에 닿으면 고압선의 높은 전압과 사람이 딛고 있는 땅의 낮은 전압 차이 때문에 전류가 흘러 감전이 됩니다. 이에 비해 새들은 전압이 일정한 하나의 전선에 닿아 있기 때문에 무사한 것입니다. 물론 새의 다리 사이에도 약간의 전압 차이가 있을 수 있지만 새 자체의 저항도 크기 때문에 별로 영향을 주지 못합니다. 그러나 새가 전선에 앉아 고압 철탑에 주둥이를 문지른다거나 하면 물론 새도 감전되어 죽습니다.

　사람의 피부는 보통 건조한 상태에서는 저항이 수만 내지 수십만 옴(Ω) 정도이므로 건전지 정도는 만져도 아무 이상이 없습니다. 그러나 피부에 물기가 있으면 수백 내지 수천 옴(Ω) 정도의 저항을 갖기 때문에 수십 볼트의 건전지에도 충격을 받게 되며 때에 따라서는 220V짜리 가정 전원도 치명적인 충격을 줄 수 있습니다.

쑥쑥 원 플러스 원!

연기가 하늘로 올라가는 이유는?

주변 공기보다 가볍기 때문입니다. 주변 공기보다 가벼운 연기는 올라가고 주변 공기보다 무거운 공기는 밑으로 떨어지게 마련입니다. 질량의 차이 때문이라고 말할 수 있는데 같은 성분일 경우, 온도에 차이에 기인합니다. 온도가 낮은 공기는 온도가 높은 공기보다 밀도가 높아서 질량이 약간 커집니다. 그래서 온도가 낮은 공기가 아래로 내려가고 온도가 높은 공기가 위로 올라갑니다.

건전지와 충전지의 차이점은 뭘까요?

전지는 충전이 가능한 것과 그렇지 않은 것 모두 화학적인 산화·환원반응의 원리를 이용합니다. 먼저 일반 알칼리 건전지의 경우 플러스(+)극은 이산화망간에 마이너스(−)극은 아연에 각각 연결돼 있고 둘 다 전해액에 섞여 있습니다.

전지의 두 전극을 연결되어 회로를 만들면 −극에 있는 아연은 전해액과 반응해 산화아연으로 바뀝니다(산화반응). 이때 아연 원자가 아연이온으로 되면서 전자를 방출합니다. 방출된 전자는 회로를 통해 흐른 후 전지의 +극으로 가서 이산화망간 속의 망간이온과 결합합니다(환원반응). 이렇게 전자가 움직여 가는 것이 전류의 흐름입니다.

충전이 가능하도록 만들어진 전지 역시 산화·환원 반응을 이용한다는 점에서는 일반 알칼리 건전지와 원리가 같습니다. 그러나 일반 알칼리 건전지에서는 아연이 일단 아연이온으로 산화되고 나면 그것이 다시 금속 아연으로 환원되는 반응이 일어나지 않습니다. 마찬가지로 망간 이온이 망간으로 환원되는 반응의 역반응도 일어나지 않습니다.

반면에 충전지에서는 다 쓴 전지에 역방향의 전류를 걸어 주면 전류를 만들어낼 때 일어났던 산화 환원반응의 역반응이 일어나 전지의 내용물을 원래대로 돌려놓습니다. 충전지가 재충전되는 것은 이와 같이 방전과정의 반대과정을 거쳐서 이뤄집니다.

쑥쑥 원 플러스 원!

건전지에서
새어 나오는 하얀 결정은?

오래 된 건전지에서 새어 나오는 하얀 결정은 건전지 안의 수산화칼륨이 새어 나와 공기와 만나서 생긴 것입니다. 우리 몸에 해로울 수 있으니 주의해야 합니다. 피부에 닿으면 붉은 반점이 나타날 수 있습니다. 또 건전지에는 아연과 망간이 들어 있어 주의해야 합니다. 산화된 아연 가루를 마시면 오한과 열이 나는 '아연중독'에 걸릴 수 있습니다. 호흡을 통해 허파에 들어가면 허파꽈리에 붙어서 호흡능력을 떨어뜨리고 염증이 발생해 기침할 때 피가 섞인 가래가 나올 수 있습니다. 망간 역시 '망간폐렴'을 일으킬 수 있습니다.
건전지는 사용한 후에 반드시 폐건전지 수거함에 분리해 넣어야 합니다.

공기는 왜 투명할까요?

8

높은 산을 오르는 등산가들이 공기가 부족해서 고생하는 것을 TV에서 본 적이 있지요? 높은 산은 평지보다 공기가 부족해서 그런 일이 일어납니다. 우리는 공기에 둘러싸여 살고 있지만 공기를 볼 수는 없습니다. 그 이유는 공기가 투명하기 때문입니다.

색깔은 빛(광선)이 어떤 물체에 닿고 난 뒤 튀어나오는 빛을 눈에서 받아들여 시신경이 인식하게 됩니다. 그런데 물체마다 색깔이 다른 이유는 그 물체가 특정한 빛은 흡수하고 다른 빛은 반사하기 때문입니다. 예컨대 붉은 사과는 다른 빛은 주로 흡수하고 가시광선 중에 있는 붉은 빛은 반사해 내기 때문에 붉게 보이는 것입니다.

공기는 질소 · 산소 · 이산화탄소 등이 섞인 혼합물입니다. 그런데 이것은 기체 상태로 대부분의 공간은 비어 있습니다. 즉 허공에서 공기분자가 차지하는 부피는 거의 무시할 수 있을 정도로 작습니다. 따라서 대부분의 빛은 공기입자와 부딪쳐도 그대로 통과해버립니다. 즉 공기입자에서 반사되는 특정 빛의 양이 거의 없다는 것이지요. 그렇기 때문에 색깔이 없는 것입니다.

예를 들어 유리도 마찬가지입니다. 유리는 대부분의 빛을 통과시키고 극히 일부만을 반사하기 때문에 색깔이 없이 투명합니다. 반대로 거울은 대부분의 빛을 다 반사하기 때문에 물체의 상이 그대로 투영되어 보이는 것이지요.

쑥쑥 원 플러스 원!

공기가 어떻게 움직여 바람을 만들까?

바람은 공기의 움직임입니다. 태양열을 받아 따뜻해진 공기는 가벼워지므로 위로 올라갑니다. 그러면 이 빈 공간으로 무거운 찬 공기가 흘러 들어갑니다. 이 흐르는 공기가 바로 바람입니다. 바닷가에서 바람은 낮에는 바다에서 육지로, 밤에는 육지에서 바다로 바람이 붑니다. 그 이유는 태양열을 똑같이 받아도 육지가 바다보다 먼저 데워져서 낮에는 육지가 덥기 때문입니다. 밤에는 육지보다 바다가 천천히 식어서 바다가 덥기 때문입니다.

과일을 왜 냉장고에 넣어둘까요?

대부분의 과일은 반드시 차게 해서 먹는다는 것이 원칙입니다. 과일을 차게 해서 먹으면 맛이 훨씬 달라지며, 단맛이 온도에 따라서 변하기 때문입니다. 과일의 단맛은 주로 포도당과 과당에 의한 것으로, 저온일수록 단맛이 강하게 느껴집니다. 5℃일 때는 30℃일 때의 약 20%나 상승합니다. 반면 신맛은 온도가 낮을수록 약해지므로 과일을 차게 해서 먹는 것이 단연 맛있습니다.

단 차게 한다고 해도 10℃ 전후의 온도가 적절합니다. 너무 차게 하면 향기가 없어지고 혀의 감각도 마비되어 단맛을 맛볼 수 없습니다. 먹기 2~3시간 전 냉장고에 넣어 두는 것으로 적당합니다.

그러나 여기에도 예외가 있습니다. 오히려 0~10℃ 전후의 낮은 온도에서 맛이 떨어지는 과일도 있습니다. 예를 들어 바나나를 냉장고에 넣어두면 껍질에 검은 반점이 생기고 과육이 검게 됩니다. 파인애플 · 망고 · 파파야 등 주로 아열대나 열대지방에서 수확되는 과일은 대개 이런 현상을 보입니다. 즉 생장 조건이 열대조건에 맞추어져 있으면 단맛이나 과일의 최적 조건이 그 온도에 맞게 맞추어져 있으므로 차갑게 하면 오히려 역효과를 내게 되는 것입니다. 이들 과일은 1시간 이상 냉장고에 넣어두지 않도록 해야 합니다. 바나나는 냉장하면 금세 검게 색이 변하고 빨리 썩게 됩니다.

♬♪ ♪
쑥쑥 원 플러스 원!

깎아놓은 사과가 색이 변하는 이유는?

사과를 깎아 접시에 담으면 얼마 지나지 않아 표면이 갈색으로 변하는 것을 볼 수 있습니다. 또 믹서로 갈아 주스를 만들어도 얼마 후 역시 색깔이 변합니다. 이것은 사과 속에 색깔을 변화시키는 물질이 들어 있기 때문입니다. 이 물질은 사과 세포 속에 있을 때는 변화를 일으키지 않지만, 세포가 파괴되어 공기 중에 노출되면 산소에 의해 산화되어 색깔을 변화시킵니다. 이 물질이 바로 퀴닌산입니다. 그런데 껍질 벗긴 사과에 묽은 소금물을 끼얹으면 산화작용을 억제시켜 색깔의 변화가 일어나지 않습니다. 물로 씻어도 산소의 용해가 서서히 일어나 색깔의 변화가 느려집니다.

31

과자 봉지는 왜 빵빵할까요?

옥수수 스낵이나 감자 스낵 등은 과자 봉지가 실제로 안에 들어 있는 내용물보다 훨씬 더 부풀려져 포장되어 있습니다. 공기가 가득 들어가 빵빵한 과자봉지는 살짝 건드려도 터질 것 같습니다.

더 크게 보이려고 일부러 그렇게 만든 것은 아닙니다. 거기에는 상품보호를 위한 과학적인 배려가 담겨 있습니다.

우선 봉지를 부풀리는 데 사용한 기체는 우리가 숨쉬는 일반 공기가 아니고 순수 질소입니다. 일반 공기는 산소나 질소·이산화탄소 등 다양한 성분이 들어 있는데 그 중에서도 산소는 식품을 상하게 하는 주범입니다. 사람에게 없어서는 안 되는 산소가 식품 보존에는 훼방꾼인 셈입니다.

그러나 질소는 스낵에 묻어 있는 기름 등과는 화학반응을 일으키지 않습니다. 그래서 기름에 튀긴 음식이라도 질소를 넣어 밀봉해

놓으면 상당 기간 처음 튀길 때와 같은 맛을 유지할 수 있습니다.

값싸고 손쉽게 과자와 스낵류의 신선도를 유지하는 방법으로 좋습니다. 부풀려진 과자봉지는 잘 부서지는 스낵류들의 내용물을 보호하는 역할도 합니다. 아이들이 고르면서 만지거나 집어 던져도 내용물이 망가지지 않습니다.

♪♪ ♪
쑥쑥 원 플러스 원!

과자 봉지
안쪽이 은색인 까닭은?

과자 봉지의 포장재는 겉보기에 얇은 비닐봉지처럼 보여도 세 겹으로 이루어져 있습니다. 이 포장재는 투명 비닐에 알루미늄층, 그 위에 또 비닐이 코팅되어 있는 구조입니다. 유통기한에 문제가 있는 제품들은 알루미늄박을 같이 씁니다. 알루미늄은 빛과 산소의 투과를 방지하여 제품의 신선도를 높이는 역할을 합니다. 비닐에 있는 아주 미세한 구멍보다 산소 분자가 더 작기 때문에 알루미늄 코팅이 되어 있지 않은 일반 비닐은 산소가 스며들게 됩니다. 그리고 알루미늄박은 내열성 · 내한성 · 내구성이 강하므로 고온에서 가열을 하는 레토르트 제품이나 빛, 또는 공기에 영향을 많이 받는 제품의 포장재에 사용됩니다. 하지만 비닐끼리는 접착이 잘 되는 반면 알루미늄끼리는 잘 접착이 안 되어서 알루미늄 위에 비닐을 코팅하여 봉지 입구를 압착한 후 밀봉한 답니다.

교통카드는 어떤 원리로 요금을 지불할까요?

우리 생활의 필수품인 교통카드에는 전자식 IC칩이 내장되어 있습니다. 그렇기 때문에 핸드폰이나 전자기기 근처에 두어도 이상이 없습니다. 그리고 지갑 속이나 가방에 넣어두어도 기본적으로 다 읽을 수 있습니다.

교통카드는 그 교통카드 인식기가 전자파를 쏘는 것을 내부 IC칩이 인식을 해서 다시 돌려보내주는 방식입니다.

간단히 생각하면 바코드와 같은 원리입니다. 바코드는 빛으로 이용하지만 이것은 IC칩을 이용합니다. 그렇기 때문에 아무렇게나 가져다 대도 상관없고 복제 또한 어렵습니다. 이런 식으로 그 인식기에서는 이 카드의 일련번호와 그에 따른 정보를 인식하게 됩니다. 사용한 회수와 사용한 날짜, 남은 돈의 액수 등등….

그다음에 하루 일이 끝난 버스들은 회사에 가서 그 인식기 속에 있는 저장 칩을 꺼내서 컴퓨터에 연결하게 됩니다. 이런 식으로 버스회사들은 자신의 버스에 몇 명이 탔고 총 금액은 얼마라는 것을 알게 되며 카드사에서 돈을 지불하게 됩니다.

쑥쑥 원 플러스 원!

지하철 철로에 자갈을 까는 이유는?

철로는 나무나 콘크리트로 만든 침목 위에 놓여져 있습니다. 자갈은 이런 침목을 받쳐 주며 정해진 위치에서 벗어나지 않도록 붙잡아 주는 역할을 합니다. 침목이 열차의 무게에 의해 눌리면 열차의 중량을 자갈을 통해 넓게 분산시켜 줍니다. 자갈은 마찰력에 의해 침목을 붙잡고 있기 때문에 마찰력이 큰 깬 자갈을 사용합니다. 또한 쉽게 부서지지 않고 흙이 섞여 있지 않은 것이 좋습니다. 철로 주변에 아무렇게나 널려 있어 하찮게만 보았던 자갈도 과학적인 원리에 의해 깔려져 있는 것입니다.

귀에 들리지 않는 소리, 초음파란 무엇일까요?

우리가 들을 수 있는 소리의 가청 영역은 주파수 20~2만 사이클까지입니다. 가청 영역 아래의 낮은 주파수대를 극저온파라고 하며, 가청 영역 위의 매우 높은 음을 초음파라고 합니다. 사람은 이 초음파를 들을 수 없지만 박쥐나 돌고래 같은 동물들은 들을 수 있고 만들어낼 수도 있는 것으로 알려져 있습니다.

초음파는 보통의 소리에서는 찾아볼 수 없는 성질을 지니는데, 우선 그 진로가 방향성을 가지면서 짧은 펄스가 나온다는 것입니다. 박쥐는 이 성질을 이용하여 초음파로 장애물을 알아차립다. 같은 원리에 의해 수중 음파 탐지기나 물고기 떼를 추적하는 어군 탐지기나 물고기 떼를 추적하는 어군 탐지기가 만들어졌습니다. 또 기포가 터질 때의 압력 및 기포 내에서의 방전 때문에 초음파를 받은 물질은 기계적인 작용을 받거나 화학 변화를 일으킵니다. 예를 들면 박테리아나 적혈구는 초음파를 받으면 파괴되고, 고분자는 원자 간의 결합이 끊어지게 됩니다.

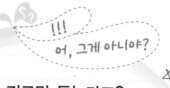

!!!
어, 그게 아니야?

소리는 귀로만 듣는다고?

그렇지 않습니다. 소리는 귀를 통해서 듣는
'기도 청력'과 머리뼈를 울려서 귀 안의 달팽이관까지
소리를 전달하는 '골도 청력'의 두 가지에 의해 소리를
듣게 됩니다. 전혀 들을 수 없는 농아인 경우, 과거에는
치료법이 없었으나, 현재는 인공 달팽이관 이식수술로 들을 수
있게 되었습니다. 인공 달팽이관 수술을 받았다고 해서 즉시
들을 수 있는 것은 아니고 재활 훈련이 뒤따라야 합니다.
인공 달팽이관을 심는 것이 아니라 중이로 수술적으로
접근하여 달팽이관 내로 전극을 밀어 넣고
무선으로 연결되는 일종의 보청기를 귓바퀴에
걸어 소리에너지를 전기에너지로
변화시켜 주는 것입니다.

기절은 왜 할까요?

정신을 잃고 쓰러지는 직접적인 원인은 뇌로 가는 혈액이 줄고 산소가 충분히 공급되지 않게 되기 때문입니다. 정신이 아득해지는 듯 힘이 빠지는 것이 보이면 즉시 뉘어놓습니다. 누일 수가 없을 경우에는, 허리 부분에서 몸을 앞으로 굽혀 머리가 두 무릎 사이에 오도록 합니다. 이것은 뇌를 낮게 하여 혈액이 많이 흐르도록 하기 위해서입니다.

이미 기절해버린 경우에는 뉘어놓고 허리띠 등 몸을 죄고 있는 것이 있으면 느슨하게 풀어줘야 합니다. 머리를 낮추거나 다리를 높여주는 것 역시 뇌에 혈액 공급을 늘려주기 위해서입니다. 의식을 되찾으면 커피나 포도주 등 자극성 음료를 마시게 한다든가, 암모니아 냄새를 맡게 하면 효과적입니다.

그 밖의 다른 원인으로 의식을 잃는 경우도 있습니다. 예컨대 머리를 강타당하거나 갑자기 너무 큰 충격을 받으면 쇼크를 받아 기절하는 수가 있습니다. 또 일사병·열사병을 비롯하여 식중독 때문에 기절하는 경우도 있습니다.

이 같은 종류의 기절에는 두 가지가 있는데, 응급조치 방법도 전혀 다르므로 주의할 필요가 있습니다. 환자의 얼굴이 벌개지고 맥박이 거칠거나 심하게 울렁거리는 경우에는 머리와 어깨를 조금 높게 해서 누이고 머리를 식혀줍니다. 얼굴이 창백해지고 피부가 차갑고 맥박이 약한 경우에는 환자의 머리를 낮추어서 누이고 몸을 옷이나 이불 같은 것으로 따뜻하게 감싸줘야 합니다.

쑥쑥 원 플러스 원!

하품할 때 눈물이 나는 이유는?

사람이 공기를 들이마셨다가 내쉴 때, 처음 들이마신 산소의 양이 약 5% 정도로 줄어듭니다. 그런데 산소와 반대로 본래 소량의 이산화탄소는 상당한 양으로 늘어나서 공기 중에 퍼지게 됩니다. 결국 하품은 공기 중에 산소의 양이 줄어들고, 이산화탄소의 양이 많아져 우리 몸이 필요로 하는 충분한 양의 산소를 취할 수 없게 되었을 때 하게 되는 생리작용입니다. 하품을 할 때 눈물이 나오는 이유는 눈물주머니(누낭) 주변에 있던 근육이 움직여 눈물주머니를 눌러서 눈물이 나게 되는 것입니다.

14

나라마다 왜 시간이 다를까요?

지역마다 나라마다 날씨와 시간이 다른 이유는 지구가 자전을 하면서 태양 주변을 공전하고 있기 때문입니다.

먼저 날씨가 다른 이유는 지구는 태양 주변을 돌고 있습니다. 그런데 태양주변을 반듯하게 도는 것이 아니라 약간 기울어진 채로 돌기 때문에 태양과 조금 더 가까운 곳과 조금 더 먼 곳이 생기게 됩니다. 그래서 태양과 가까운 곳은 더운 날씨가 계속되고 먼 곳은 추운날씨가 계속되게 됩니다.

시간이 다른 이유는 지구가 스스로 하루에 한 바퀴씩 돌기 때문입니다. 태양 쪽을 보고 있으면 낮이고 태양과 반대쪽을 보고 있으면 밤이 되는 것입니다. 만약 우리나라가 태양 쪽을 보고 있는 낮이라면 우리나라 뒤쪽에 그러니까 반대편에 있는 나라는 태양의 반대쪽에 있으니까 밤이 되겠지요?

또 지구가 스스로 도니까 시간이 지나면 우리나라가 밤이 되고 반대편 나라가 낮이 될 것입니다.

쑥쑥 원 플러스 원!

계절의 변화가 있는 이유는?

지구에는 자전축이라는 것이 있습니다. 그런데 이 자전축은 지구의 축이 공전궤도면에 비해 23.5도 기울어져 있습니다. 그래서 태양 주위를 공전할 때 햇빛을 받는 각도가 달라지게 됩니다. 햇빛이 수직으로 땅에 비쳐질 때 가장 에너지가 많이 들어옵니다. 그리고 각도가 점점 줄어들수록 들어오는 에너지의 양이 줄어들게 되는데 이로 인해 계절이 생기는 것입니다. 겨울에는 태양이 남쪽으로 많이 내려가고 여름에는 하늘 위로 많이 떠오른 것을 느낄 수 있을 것입니다. 지구의 축이 공전궤도면에 23.5도 기울어진 채 태양 주위를 돌기 때문에 계절이 생깁니다.

나이테가 없는 나무도 있을까요?

1년마다 하나씩 생기는 나이테는 나무의 나이를 말해줍니다. 온대지방이나 열대지방의 나무는 나이테로 나이를 추정해볼 수 있습니다.

그러나 열대지방의 나무에는 나이테가 존재하긴 하지만 온대지방의 나무의 나이테처럼 뚜렷이 구별되지 않습니다. 온대지방의 나무에 나이테가 생기는 이유는 봄·여름·가을·겨울을 거치는 과정 동안, 봄~가을까지의 생육(성장)은 왕성하여 나무가 연하며, 겨울에는 생육이 극히 떨어져서 거의 생육을 하지 못하기 때문에 나무가 검고 단단합니다.

열대지방의 나무의 나이테는 그 간격이 큽니다. 열대지방에는 건기와 우기가 두드러지게 차이가 나는 두 기후가 있기 때문에 선명한 나이테가 생성됩니다. 어느 전문가들은 이 나이테를 성장을 두드러지게 나타난 나무의 자람 흔적이라고 해서 '성장테'

라고도 합니다. 이 성장테가 자라는 시기가 있어서 나무가 몇 살 정도 되었는지 알 수 있습니다.

나팔꽃은 어떻게 아침을 알까?

저녁이 되어 햇빛이 약해지면 나팔꽃의 시간 장치가 작동합니다. 8시간에서 9시간쯤 지나면 꽃이 피기 시작하는 것이지요. 그래서 가을이 되어 해가 빨리 지게 되면 나팔꽃도 빨리 피기 시작합니다. 9, 10월에는 나팔꽃이 새벽 1, 2시에 피기 시작합니다. 그렇다면 해가 진 후 8시간이 훨씬 안 되어 꽃이 피기 시작하는 셈이 됩니다. 나팔꽃의 시간 장치는 기온이 낮으면 빨리 가는 성질이 있습니다. 그래서 7, 8월에도 기온이 낮은 날은 빨리 피고, 기온이 높은 날은 좀더 늦게 핀답니다.

16

낙엽은 왜 떨어질까요?

낙엽은 계절이 바뀌게 되면서 나무에서 떨어진 잎을 가리킵니다. 가을에 아름다운 단풍을 보여준 나무들은 겨울이 되면 곧 잎들을 다 떨구고 앙상한 가지만 남게 됩니다.

낙엽은 잎의 잎자루와 가지가 붙어 있는 부분에 떨켜라는 특별한 조직이 생겨나서 잎이 떨어지는 현상입니다. 떨켜는 잎이 떨어진 자리를 코르크화해서 수분이 증발해 나가거나 해로운 미생물이 침입해 들어오는 것을 막는 성질도 갖고 있습니다.

생물체는 주위환경의 변화에 대해 반응하는데, 이 변화를 알아차리고 전달하는 신호물질이 식물 호르몬인 앱시스산입니다. 앱시스산은 식물이 겨울을 날 수 있도록 유도해 주는 역할을 합니다. 온대 낙엽성 식물에 특히 중요한 것은 겨울 동안에 잠을 자는 휴면입니다. 휴면은 낮은 온도와 수분 부족에 잘 적응하도록 생긴 현상입니다.

겨울에 물이 부족해 식물이 수분 스트레스를 받게 되면 물의 손실을 방지하기 위해 기공을 닫아야 합니다. 기공은 수분을 증발시키는 곳일 뿐 아니라 광합성에 필요한 이산화탄소가 들어오는 통로이기도 하므로, 기공을 닫으면 잎에서 광합성이 일어날 수 없게 됩니다. 또 주변의 온도가 낮기 때문에 잎에서의 생화학 반응의 속도는 더욱 느려져 낙엽수의 잎은 죽게 되어 떨어지게 되는 것입니다. 낙엽은 썩으면 탄수화물이기 때문에 다시 탄소와 수소로 분해되어 토양 속에 남았다가 다른 식물에 흡수된답니다.

쑥쑥 원 플러스 원!

사막에서 신기루를 볼 수 있는 이유는?

신기루는 현상은 빛의 온도가 다른 공기층을 지날 때 생기는 것입니다. 사막의 모래가 뜨거워지면 이때 뜨거워진 공기층이 다른 공기층을 지나면 우리는 빛의 굴절을 느끼지 못하고, 신기루를 보거나 실제 오아시스가 있는 것으로 착각합니다. 신기루를 보았다고 해서 주위에 꼭 오아시스가 있는 것은 아닙니다. 예컨대 뜨거워진 아스팔트를 바라보면 아스팔트가 젖은 것처럼 보입니다. 그러나 아스팔트가 젖어 있는 것은 아니랍니다.

녹음된 내 목소리는 왜 다르게 들릴까요?

자신의 목소리를 녹음시켜 들어보면 육성으로 듣는 목소리와는 다르게 들립니다. 하지만 이는 녹음기기의 재생 능력 탓이 아닙니다. 물론 녹음기와 테이프에 따라 약간은 달라지겠지만 이것이 주된 이유는 아닙니다. 녹음된 자신의 목소리를 다른 사람에게 들려주면 그 사람은 별다른 차이가 없다고 느낄 것입니다.

우리가 목소리를 듣는 것은 성대의 떨림으로 생겨난 음파가 공기를 매질로 전파되고 막을 진동시킨 결과입니다. 녹음기에서 나오는 자신의 목소리나 타인의 목소리는 이러한 과정을 거칩니다. 그러나 육성으로 듣는 자신의 목소리는 공기를 매질로 하여 전파된 소리와 함께 성대의 떨림이 몸의 조직을 매질로 전파된 소리가 합쳐진 것입니다.

즉 성대에서부터 공기를 통해 고막에 이르는 경로와 성대에서

부터 안면부의 뼈와 근육을 통해 고막에 이르는 두 가지의 경로를 통해 전달된 소리를 동시에 듣기 때문에 녹음된 목소리와 다르게 들리는 것입니다. 물론 이러한 현상은 CD에 녹음된 자신의 목소리를 들을 때도 마찬가지입니다. 아무리 원음 재생력이 좋다고 하더라도 자신의 목소리는 다르게 느껴질 것입니다.

쑥쑥 원 플러스 원!

환경호르몬이란?

환경호르몬이란 동물이나 사람의 몸속에 들어가서 호르몬의 작용을 방해하거나 혼란시키는 물질을 가리킵니다. 환경호르몬이라는 이름이 붙은 이유는 몸속에서 마치 천연 호르몬인 것처럼 작용하는 경우가 많기 때문입니다. 이 가짜 호르몬은 진짜 호르몬인 척하면서 몸속 세포물질과 결합해 비정상적인 생리작용을 낳게 됩니다. 이 과정에서 진짜 호르몬이 할 수 있는 역할공간을 가짜 호르몬이 완전히 빼앗아 버리는 경우도 있습니다. 환경호르몬으로 인한 부작용으로는 생식기능의 이상, 성비균형의 파괴, 호르몬 분비의 불균형, 면역기능 저해, 유방암, 전립선암 등의 증가 등을 들 수 있습니다.

뇌가 클수록 머리가 좋을까요?

보통 사람의 뇌 무게는 1,200~1,500g 정도입니다. 뇌가 크면 머리가 좋다고 생각하는 사람이 많은데 꼭 그렇지는 않습니다.

천재나 위인의 뇌 무게가 기록으로 남아 있는데, 러시아의 문호인 투르게네프는 2,012g이었고, 독일의 철혈 재상 비스마르크는 1,807g이었습니다. 역시 독일의 칸트의 뇌는 1,650g이었습니다. 투스게네프나 비스마르크, 칸트는 확실히 보통 사람보다 무겁지만 프랑스의 천재 소설가인 아나톨 프랑스는 1,027g밖에 되지 않았습니다.

갓 태어난 인간의 뇌 무게는 남녀 차가 거의 없이 400g 정도 되는데, 어른이 되면 남자가 여자보다 150g 정도 무게가 더 나갑니다. 그렇다고 해서 남자가 여자보다 우수하다고는 말할 수 없습니다. 즉, 남자의 몸이 큰 만큼 머리도 크고 뇌도 클 뿐이라는

것입니다. 이같이 뇌의 무게와 크기만으로 머리가 좋음을 판단
할 수는 없는 것입니다.

뇌의 크기보다는 뇌의 주름이 많을수록 머리가 좋다고 합니다.
결국 뇌의 크기가 같은 사람의 경우엔 주름이 많은 사람이 유리
하겠지만, 주름이 거의 비슷하다면, 뇌가 큰 사람이 유리하답니
다. 뇌가 크면 주름이 더 많아질 확률이 높습니다. 머리가 좋은
직접적인 이유는 주름이 얼마나 많으냐에 달려 있습니다.

덩치가 큰 코끼리와
향유고래의 뇌의 크기는?

뇌가 무거운 사람이 천재나 위인이라고 단정 지을
수 없는 이유는 또 있습니다. 동물 중에서 인간이 머리가
가장 우수합니다. 그렇다고 해서 인간의 뇌의 무게가
가장 무거운 것은 아닙니다. 코끼리의 경우 4,000g,
향유고래는 9,000g이나 된답니다.
무게나 크기만으로 뇌의 우열을 정한다면
인간은 향유고래나 코끼리보다 아래가
되겠지만 실제로는 그렇지
않으니까요.

눈 내리는 날 밤은 왜 조용하게 느껴질까요?

온 세상이 흰 눈으로 뒤덮인 날은 세상이 참 아늑하고 조용하게 느껴집니다. 마음까지 포근하게 느껴질 정도입니다. 조용하게 느껴진다는 것은 소리를 전하는 소음이 들리지 않는다는 것입니다. 공기 중에서 소리의 속도는 온도에 따라 달라지는데, 약 15℃ 정도에서 초속 340m입니다. 온도가 낮아지면 소리의 속도는 늦어지지만 그다지 큰 관계가 없습니다.

방의 소음을 차단하기 위해서는 방의 벽에 소리를 빨아들이는 흡음재를 사용합니다. 흡음재는 흡음구멍이 많은 흡음판을 많이 이용합니다. 방안의 소리는 흡음판의 표면에서 일부 반사되고, 나머지는 벽이나 천장에 있는 흡음판의 구멍으로 진입합니다. 흡음판에는 구멍이 많이 있으며, 소리는 미로처럼 되어 있는 수많은 구멍의 여기저기에 부딪치고 반사되는 사이에 소리가 지닌 에너지의 대부분이 열로 바뀌게 됩니다.

눈이 내리면 조용하게 느껴지는 이유는 눈의 결정이 육각형이기 때문입니다. 눈은 육각형의 결정이 모여 여러 가지 크기의 입자가 되고, 그 입자가 모여 고체의 눈이 됩니다. 그 입자와 입자 사이에는 많은 틈이 생기는데, 그 공기층이 소리를 흡수하게 됩니다. 극장이나 녹음실 등의 방음벽에 구멍이 나 있고, 눈 모양을 하고 있는 경우를 본 기억이 있을 것입니다. 그 구멍으로 소리가 흡수되는 것입니다. 그래서 눈이 내린 후에는 세상이 고요하고 아늑하게 느껴지는 것입니다.

쑥쑥 원 플러스 원!

눈 오는 날에 번개가
치지 않는 이유는?

천둥과 번개가 치기 위해서는 세 가지 조건이 맞아야 합니다. 첫째 풍부한 수증기, 둘째 강한 상승 기류, 셋째 불안정한 대기입니다. 이 세 가지 조건이 만족되어야 천둥과 번개, 즉 뇌우 현상이 일어납니다. 여름에는 북태평양 고기압의 영향을 받아 대기가 불안정합니다. 하지만 겨울에는 시베리아 고기압의 영향을 받기 때문에 건조하고, 온도가 낮아서 강한 상승 기류가 만들어지기 어렵습니다. 대기도 여름보단 훨씬 안정적입니다. 그래서 겨울에는 여름보다 천둥과 번개가 훨씬 적게 나타납니다.

눈물은 왜 짠맛이 날까요?

눈의 흰자위 위쪽에 있는 눈물샘에서 나오는 눈물은 98%가 물로 되어 있습니다. 그 외에 락토페린이나 리소자임 등 세균을 막아 주는 효소가 들어 있고, 소금 성분이 나트륨도 들어 있습니다. 이 나트륨 때문에 눈물이 짠맛을 내는 것입니다.

눈물은 크게 3가지로 구성되어 있습니다. 이들이 적절한 비율로 잘 배합되어 있어야 눈물로서 제 역할을 하는데, 기본 눈물·반사눈물·감정눈물로 나눌 수 있습니다. 항상 눈을 적셔서 조직을 보호해 주는 기본 눈물은 보통 5초에 한 번씩 눈을 깜박거릴 때 나오게 됩니다.

한편 반사눈물은 자극이 있을 때 눈물샘에서 평소보다 많은 눈물이 나와 이물질을 제거하고 항균 작용을 하게 됩니다. 슬프거나 아플 때 흘리게 되는 감정눈물에는 항균 물질이 적고 나트륨이 많이 들어 있습니다. 감정적인 자극이 뇌에 영향을 주어 다른 성분의 눈물이 만들어지기 때문입니다. 그렇기 때문에 감정눈물을 흘리게 되면 다른 때보다 눈이 더 많이 충혈되고 붓는 정도가 심해진다고 합니다.

모기한테 물리면
왜 가려울까?

'띠앗!' 하고 모기에게 물려본 경험은 다 있을 것입니다. 물린 자리는 너무 가려워서 박박 긁지 않고는 배겨 낼 수가 없습니다. 모기의 입은 가느다란 빨대처럼 생겼는데, 이 빨대입을 우리 피부 속으로 꽂고는 음료수를 빨아 먹듯이 피를 빨아 먹습니다. 모기의 침에는 알레르기를 일으키는 물질이 있어 가려움을 느끼는 것입니다. 또 모기에 물리면 우리 몸은 이것을 상처로 파악하고 그 부분에 히스타민이라는 물질을 보냅니다. 히스타민은 모세혈관을 확대시켜 그곳에 피가 많이 갈 수 있도록 해줍니다. 즉 히스타민의 작용으로 적혈구 · 백혈구 · 림프액 등 피가 많이 모이게 되어 모기에게 물린 자리는 붓고 빨갛게 되는 것이지요.

눈썹은 왜 조금만 자랄까요?

길게 자라는 머리카락보다 자라는 시기가 짧아서 일찍 빠지기 때문입니다. 사실 우리 몸에는 약 500만 개 정도 되는 엄청난 숫자의 모발, 즉 털이 있습니다. 머리카락과 눈썹을 포함하여 피부에 넓게 분포하고 있는 잔털 등이 있습니다. 그러나 가늘고 색이 엷은 잔털과는 달리 머리카락 · 눈썹 · 속눈썹 등은 멜라닌 색소도 있고 구조도 달라 더 굵고 진합니다.

동물 중에는 일생 동안 털이 빠지지 않고 계속 자라는 메리노종의 양 같은 종류도 있지만 사람의 모발은 성장기 · 퇴행기 · 휴지기의 단계를 거치면서 수명을 다합니다. 그렇기 때문에 일정한 기간이 지나면 저절로 빠지고 얼마 후 새 털이 나오게 됩니다.

모발의 성장속도는 연령이나 성별 · 부위 · 계절, 그리고 밤낮에 따라 다르지만 대략 하루에 0.3~0.4mm 정도가 자랍니다. 머리카락은 5~7년간 성장이 계속되는 것이 보통이지만 그 중에는 25년에 이르는 것도 있어서 2m를 넘는 경우도 있습니다.

눈썹의 경우 그 수명은 대략 3~4개월 정도에 불과합니다. 그래서 길이도 짧아 평균 7~11mm 정도에 불과합니다. 눈썹보다는 머리카락이 많은 혈관으로부터 풍부한 양분을 받아 더 잘 자랍니다.

♬♪ ♪ 쑥쑥 원 플러스 원!

머리카락을 잘라도
아프지 않은 이유는?

손톱은 뼈의 일부가 아니라 피부가 변해서 된 각질기관입니다. 각질기관에는 털·손톱·발톱 등이 있습니다. 아프다는 것은 통증을 전달하는 감각신경의 역할인데, 각질기관 자체에는 감각신경이 없기 때문에 머리카락을 자르거나 손톱·발톱을 깎을 때 아픔을 느끼지 않는 것입니다. 그러나 이 각질기관이 피부와 연결된 부분에는 감각을 수용하는 기관이 있어, 머리카락을 뽑거나 손톱·발톱의 안쪽을 깎았을 경우에는 아픔을 느끼게 됩니다.

다림질할 때 물은 왜 뿌리나요?

옷감을 부드럽게 만들어주기 위해서입니다. 대부분의 물질들은 열을 받으면 부피가 늘어나고 부드러워집니다. 면과 같은 옷감은 셀룰로오스라는 분자로 이루어져 있습니다.

분자란 물질의 기본 성질을 잃지 않은 채 가장 작게 나눌 수 있는 물질을 말합니다. 셀룰로오스 분자는 워낙 단단하게 결합되어 있기 때문에 225도 이상의 높은 온도에서만 움직입니다. 다림질을 할 때 옷감에 뿌려 주는 물은 셀룰로오스 분자를 부드럽게 만드는 역할을 합니다.

면으로 만든 옷감에 물을 뿌려 주면 작은 물 분자들이 셀룰로오스 분자 사이로 파고듭니다. 물 분자들은 셀룰로오스 분자 사이를 파고들면서 단단하게 얽혀 있던 셀룰로오스 분자들을 부드럽게 만들어 줍니다.

이렇게 해서 부드러워진 옷감을 뜨거운 다리미로 누르면 셀룰로오스 분자들이 다리미가 누르는 대로 움직이게 됩니다. 그리고 옷감 사이에 있는 물에 열을 가하면 물의 부피가 늘어나 수증기가 되어 날아가려고 합니다.

하지만 무거운 다리미가 누르고 있기 때문에 수증기가 날아가지 못하고 옷감 사이로 들어가게 되고, 옷감 사이로 수증기가 들어가면 옷감의 분자는 부드러워집니다. 이런 이유로 옷에 물을 뿌려 다림질을 하면 그냥 다림질을 할 때보다 쉽게 주름을 펼 수 있답니다.

쑥쑥 원 플러스 원!

물을 뿌리면 불이 꺼지는 이유는?

어떤 물질이 연소하기 위해서는 3요소가 꼭 필요합니다. 연소의 3요소는 첫 번째 탈 물질, 두 번째 산소(연소는 물질이 산소와 결합해야 일어남), 세 번째 발화점 이상의 온도가 필요합니다. 그중에서 하나만 없어져도 연소는 중단됩니다. 공기 중에 성냥을 그냥 둔다고 해서 불이 붙지 않습니다. 물을 뿌리게 되면 발화점, 즉 온도가 낮아지게 되므로, 세 번째 요소를 제거한 것입니다. 물이 온도를 낮춰서 불이 꺼지게 됩니다.

다이아몬드도 불에 탈까요?

다이아몬드의 성분은 탄소입니다. 비싸고 단단한 다이아몬드가 연필심의 흑연과 똑같은 원소로 이루어져 있다는 사실이 흥미롭습니다. 다만 똑같은 탄소원자로 이루어져 있기는 하지만, 그 원자가 배열되어 결정을 이루는 방식은 전혀 다릅니다.

흑연은 탄소원자들이 2차원 평면을 이루면서 배열되어 있고, 다이아몬드는 탄소원자들이 상하좌우로 3차원적으로 빽빽이 연결되어 있습니다. 다이아몬드 쪽이 더 단단한 이유는 이렇게 많은 탄소원자들이 더 촘촘하게 연결되어 있기 때문입니다.

그렇긴 하지만 탄소로 이루어져 있기 때문에 다이아몬드도 흑연과 마찬가지로 불에 탑니다. 그리고 비록 단단한 물질이 불붙기 어려운 경우는 있지만, 과학적으로는 단단한 정도(경도)는 타는지 타는 않는지와는 관계가 없는 물리량입니다.

다이아몬드는 700℃ 이상의 온도에서 공기 중에서 가열하면 타서 이산화탄소가 됩니다.

쑥쑥 원 플러스 원!

다이아몬드는
무엇으로 자를까?

다이아몬드(금강석)은 대부분이 다이아몬드로
제련하는 걸로 알고 있습니다. 하지만 굳기가 약한
것이라고 해도 강한 힘을 주면 부러지거나 깨지는 것은
마찬가지입니다. 다이아몬드는 탄소덩어리라서 산소를
이용한다면, 절단과정에서의 높은 열로 인하여 산화될
것입니다. 덧붙여 보라존이 더 단단합니다.
보라존은 인간이 자연물보다 더 단단한 물질을 만들
수 없을까 하는 도전에서 만든 것으로 현재
기술로는 엄청난 비용을 들여야 하므로
실용적이진 않습니다.

단풍은 왜 울긋불긋 물들까요?

가을이 되면 산들이 울긋불긋 아름답게 물듭니다. 어떻게 해서 그렇게 예쁜 색깔로 변하는 것일까요?

기온이 내려가는 가을이 되면 공기가 건조해집니다. 이때 나뭇잎은 일차적으로 수분 부족을 겪게 됩니다. 잎은 태양 에너지를 이용해 공기 중에 있는 이산화탄소와 뿌리로 빨아올린 물로 생물의 주 에너지원이 되는 탄수화물을 만듭니다. 이것을 광합성이라고 하는데 이 과정에서 식물은 상상할 수 없을 만큼 많은 양의 물을 대기 속으로 뿜어내야 합니다. 한 예를 들면, 옥수수는 낟알 1kg을 얻기 위해 잎에서 600kg의 물을 증발시켜야 합니다.

가을이 되면 이것이 불가능해집니다. 어쩔 수 없이 나뭇잎은 수분의 부족에 맞서 살아남기 위해 하는 수 없이 활동을 멈추게 됩니다. 나뭇잎에는 녹색의 엽록소 외에도 빛을 흡수하는 색소로 70여 종의 카로티노이드가 있습니다. 이들 중 붉은색을 띠는 게 카로틴이고 노란색을 띠는 게 크산토필입니다. 이들 색소는 잎이 왕성하게 일을 하는 여름에는 많은 양의 엽록소에 가려져 눈에 띄지 않습니다. 차고 건조한 기후 때문에 잎에서 엽록소가 분해되어 사라짐으로써 이들 색소가 눈에 띄게 되는 것입니다. 이들 색소의 분포에 따라 노란색이나 붉은색 등 단색에서부터 혼합된 색의 단풍이 들게 되는 것입니다.

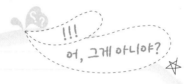

!!!
어, 그게 아니야?

색맹도 색깔 있는 꿈을 꾼다?

선천적인 색맹이라면 꿈속에서라도 절대 색이 나타나지 않습니다. 색이라는 것 자체를 인식하지 못하기 때문에 색이라는 개념이 없기 때문입니다. 색맹이 온 세상이 흑백으로 보이는 것이라면 꿈에서라도 흑백으로 보입니다. 당연히 후천적인 색맹이면 꿈에서 색이 나타날 가능성이 있습니다.

달걀을 소금물에 넣으면 왜 뜰까요?

물속에서는 '부력'이라는 힘이 작용하기 때문입니다. 부력은 중력과 반대 방향으로 작용하는 힘입니다.

부력은 물에 잠긴 물체의 부피만큼 작용합니다. 예를 들어 물이 가득 찬 컵에 달걀을 넣으면 달걀의 부피만큼 물이 흘러넘칩니다. 그 흘러넘친 물의 무게만큼의 힘이 달걀을 위로 떠받치게 되는데, 그 힘을 부력이라고 합니다. 그러므로 달걀이 물속에서는 부력만큼 가벼워지는 것입니다. 물론 달걀의 무게가 부력보다 작으면 뜨지만, 부력보다 크면 자연히 가라앉습니다. 보통 물에서는 달걀의 무게가 부력보다 크기 때문에 달걀은 가라앉습니다.

같은 양의 물과 소금물 중에서는, 소금물이 물에 녹아 있는 소금의 무게만큼 무겁습니다. 그러므로 소금물과 보통 물에 달걀을 넣으면, 달걀이 밀어 낸 소금물의 양과 물의 양과 같지만, 소금물이 무겁기 때문에 소금물 속의 달걀이 받는 부력이 더 큽니다. 소금을 많이 넣을수록 부력은 점점 커지기 때문에 양을 충분히 넣으면 부력이 달걀의 무게보다 커져 뜨게 됩니다.

쑥쑥 원 플러스 원!

달걀을 삶으면 단단해지는 이유는?

달걀은 딱딱한 껍데기와 얇은 난막, 그리고 투명한 흰자위와 노른자위로 이루어져 있습니다. 노른자위는 단백질이나 지방이 많이 모여 있으며, 흰자위는 85%가 물이고 나머지는 거의 단백질로 이루어져 있습니다. 그런데 이 단백질은 열이나 압력·자외선·산·열기 등에 의해서 변하게 되는데, 변한 단백질은 물에 대한 용해도가 작아지며 분자 모양이 변하게 됩니다. 따라서 달걀을 삶으면 달걀의 대부분을 구성하고 있는 단백질이 열에 의해 성질이 변해 단단해지는 것입니다.

26

달무리나 햇무리는 왜 생길까요?

하늘 높은 곳에 아른아른 흐르는 엷은 흰색 구름을 권층운이라 하는데, 권층운이 태양이나 달을 가리면 태양이나 달의 둘레에 갓이나 테를 두른 것 같은 현상이 나타납니다. 이것을 햇무리 또는 달무리라고 합니다.

이러한 현상은 왜 생기는 것일까요? 무리가 생기는 이유는 무지개의 경우와 비슷합니다. 무지개는 햇빛이 물방울 속을 지나면서 굴절하고 반사하기 때문에 생기는 현상입니다. 햇빛이 물방울 속으로 들어가 반사하면 여러 가지 색깔로 나누어집니다. 이것이 우리 눈에 무지개로 보이는 것입니다.

햇빛이나 달빛이 구름을 이루는 미세한 얼음 알갱이 속으로 들어가 내부에서 반사가 일어나기 때문에 햇무리나 달무리가 생기는 것입니다. 또 빛이 얼음 알갱이 속에 들어가면 진행 방향이 굴절되기 때문이기도 합니다.

'햇무리나 달무리가 생기면 비가 올 징조' 라는 말이 있는데 이것은 온난 전선이 다가온다는 증거입니다. 온난 전선이란 따뜻한 공기가 찬 공기 위로 비스듬히 상승할 때 두 공기 사이에 생기는 경계면인데, 이 경계면에서는 높은 구름, 즉 권층운부터 시작해서 점차 낮은 구름이 생기고 결국은 비구름(난층운)까지 생깁니다. 따라서 높은 하늘에 권층운이 나타나고 햇무리나 달무리가 생기면 얼마 후에 비구름이 다가와 비를 내립니다.

쑥쑥 원 플러스 원!

무지개가 뜨는 이유는?

무지개는 햇빛이 물방울 속을 지나면서 굴절하고 반사하기 때문에 생기는 현상입니다. 햇빛이 물방울 속으로 들어가 반사하면 여러 가지 색깔로 나뉘는데 이것이 우리 눈에 무지개로 보이는 것입니다. '아침 무지개는 비가 올 징조고 저녁 무지개는 맑을 징조' 라는 말이 있는데, 무지개는 항상 햇빛 반대쪽에 생기고 날씨가 서에서 동으로 변해가기 때문입니다.

딸꾹질은 왜 날까요?

허파는 늑골(갈비뼈)에 둘러싸여 있으며, 위쪽으로 휘어진 근육질의 횡격막이 바닥을 이루고 있는 일종의 통 속에 있습니다.

숨을 들이마시면 횡격막이 아래쪽으로 내려가면서 평면이 되고, 동시에 늑골을 두르고 있는 근육이 수축되어 늑골을 들어 올립니다. 이런 방식으로 가슴 속의 공간이 깊고 넓어져 공기 수용량이 늘어나는 것입니다.

딸꾹질이란 이 횡격막이 무의식적으로 수축하여 생기는 것인데, 원인은 음식을 너무 빨리 먹거나 그 밖의 다른 이유로 횡격막을 조절하는 신경이 자극을 받았기 때문입니다. 횡격막이 수축하면 공기가 흡입되고 목구멍 뒤쪽에 있는 성대 사이의 간격이 갑자기 닫혀지면서 독특한 딸꾹질 소리를 내게 됩니다.

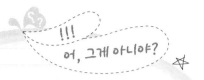
!!!
어, 그게 아니야?

감기는 날씨가 추워서 든다?

아닙니다. 감기는 바이러스를 통해 발병하는 것이지
추위 때문이 아닙니다. 그러나 위와 같은 오류가 생기는
것은 추울 때는 더울 때보다 다른 사람과 닫힌 공간 안에
함께 머물 일이 더 많기 때문입니다. 그러면 당연히
바이러스에 감염될 위험성이 높아지게 되니까요.

28

뜨거운 철판에서는 물이 왜 튀길까요?

물에는 표면장력이라는 것이 있습니다. 표면장력은 점성도와 함께 액체 상태에서 나타나는 독특한 성질입니다. 예를 들어 물을 컵에 가득 부었을 때 수면이 볼록하게 되어도 물이 넘치지 않는 것은 표면장력 때문입니다.

뜨거운 철판 위에서 물이 튀는 이유는 이 표면장력과 순간 가열에 의한 증발 효과 때문입니다. 철판 위에 물이 닿으면 철판이 고온이므로 떨어진 물이 순간적으로 가열됩니다. 순간적인 가열이기 때문에 물이 철판과 직접적으로 맞닿는 부분만 가열되어 기화(기체 상태로 되는 것)하게 됩니다.

따라서 순간적으로 위쪽 방향으로 증발하려 하지만. 위부분의 물은 중력 때문에 아래로 그대로 내려가려고 합니다. 이렇게 되면 순간적으로 양쪽 힘이 같게 되거나 아래쪽 힘이 커져서 위로 튕기게 됩니다. 이 과정에서 물은 점도가 크지 않기 때문에 흩어지게 되는데, 표면 장력으로 인해서 방울이 되어 튀기는 것입니다.

쑥쑥 원 플러스 원!

드라이아이스에서
피어오르는 흰 연기는?

드라이아이스는 고체 상태의 이산화탄소가
기화(기체 상태로 되는 것)되어 날아가는 것입니다.
우리의 눈에 실제로 보이는 흰 연기는 이산화탄소
기체가 아니고 기화되는 이산화탄소의 온도가
낮기 때문에 주위의 얼어붙은 수증기가 눈에
보이는 것입니다.

레이저로 어떻게 점을 뺄까요?

피부의 점의 주성분은 멜라닌입니다. 점은 어느 한 조직이 불균형적으로 성장한 것으로 혈관 조직으로 된 점도 있고, 색소를 포함한 세포나 모낭 세포가 모여서 생긴 점도 있으며, 결합 조직으로 생긴 점도 있습니다. 따라서 점이라고 해도 색이나 크기·형태·조직에 따라 여러 가지 차이가 있습니다. 점이 왜 생기는지는 밝혀져 있지 않지만, 주근깨같이 유전적으로 생기기도 하며 오존층이 파괴되면서 많은 양의 자외선이 피부에 침투해 생기기도 합니다. 또 잘못 짠 여드름이 색소 침착에 의해 검붉게 되어 점으로 보이기도 합니다.

첨단과학이 선물한 신비의 빛 레이저는 이제 우리의 생활 속에 많이 파고들었습니다. 레이저는 빛의 유도방출에 의해 증폭된 빛을 가리킵니다. 많은 종류의 레이저 중에 탄산가스 레이저는 점에 닿으면 멜라닌 자체에 엄청난 열을 순간적으로 가해서 멜라닌을 부숴버리는 강력한 힘을 갖고 있습니다. 순간적으로 멜라닌에 고열이 가해지면서 멜라닌과 그 주위의 피부가 순식간에 타버립니다. 그래서 점을 뺀 부위가 마치 폭탄을 맞은 것처럼 폭 파이게 됩니다. 파인 부분은 며칠 안에 깔끔히 메워집니다.

레이저로 수술한 부위는 반드시 잘 관리해야 합니다. 갑갑하다고 해서 함부로 반창고를 떼거나 긁거나 햇빛에 노출시키면 그 부위가 검어지고 상처가 흉해집니다. 그래서 여드름의 자국이 아주 크다든지 해서 레이저 피부수술의 부위가 넓을 경우, 겨울에 수술을 합니다. 겨울은 햇볕이 약하기 때문입니다.

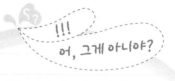

어, 그게 아니야?

깨어 있는 뇌가 자고 있는 뇌보다 혈액순환이 좋다고?

잠을 자면 몸의 피로가 풀리고 새로운 기운이 보충됩니다. 사람의 몸은 옆으로 누워 있는 것만으로도 피로는 상당히 풀립니다. 그러나 뇌는 잠자지 않으면 피로가 풀리지 않습니다. 즉, 일어나 있는 동안에 소모된 뇌내 물질의 보급이나 피로물질을 제거하기 위해 신진대사를 행하는 것이 잠을 자는 주요 목적입니다. 그 증거로 수면 중인 뇌의 내부에서는 피로를 풀기 위해 단백질 대사가 활발히 행해지며, 뇌 혈액의 흐름은 일어나 있을 때보다도 20%나 증가한답니다.

로켓은 날개도 없는데 왜 그렇게 빠를까요?

로켓의 원리는 풍선처럼 '작용과 반작용'이라고 하는 뉴턴의 운동 법칙에 따릅니다. 로켓 속의 연료가 폭발하면서 로켓 뒤로 분사될 때 로켓은 반대 방향의 힘을 받아 나는 것입니다. 따라서 주변에 공기가 필요 없을 뿐 아니라 오히려 공기가 있으면 저항을 받아 비행 속도가 느려지게 됩니다.

로켓의 추진 시스템은 자체 내에 추진제(연료+산화제)를 저장하고, 외부의 공기를 필요로 하지 않습니다. 그리고 비행속도에 관계없이 작용과 반작용에 의해서 속도가 높아집니다. 그러므로 이론상으로는 무한히 높은 비행 속도를 얻을 수 있습니다. 산소가 없는 우주 공간에서는 로켓만이 유일한 추진 방식입니다.

쑥쑥 원 플러스 원!

핵에너지 로켓이란?

핵반응에서 생기는 엄청난 양의 에너지를
추진제가 흡수하여 고온의 가스로 노즐을 통해 팽창
분사하는 로켓기관입니다. 추진제는 액체수소가 주로
쓰이지요.
장시간의 비행을 요하는 추진수단으로서의 가능성을
인정받고 있고, 근래에 수천 톤의 화물을 싣고도
지구궤도로부터 지구 정지궤도로 운반할 때,
화학로켓보다 더 적합한 것으로 분석되어
연구개발이 활발하답니다.

롤러코스트는 왜 떨어지지 않을까요?

바로 원심력 때문입니다. 원심력이란 물체가 회전할 때 중심에서 멀어지려는 힘입니다.

물체가 회전할 때 생기는 힘은 회전관성·원심력·구심력입니다. 여기서 회전관성은 요요를 생각하면 됩니다. 회전하면서 내려갔다가 회전하면서 올라오는 현상입니다. 물체가 회전하면서 밖으로 튀어 나가려는 힘을 원심력이라고 합니다. 사실 원심력은 가상의 힘입니다. 실에 추를 매달고 추를 돌리면 추는 실을 따라 구심력이 작용하게 됩니다.

뉴턴의 제3법칙인 작용·반작용의 원리에 따라서 구심력의 반대되는 방향으로 원심력이 작용하게 되는 것입니다.

만약 구심력이 없다면 정말 불편할 것입니다. 차가 커브를 돌 때에도 아주 느린 속도로 돌아야 하며, 360도로 완전 회전하는 청룡열차 같은 것은 꿈도 못 꿉니다. 청룡열차는 아주 빠른 속도로 힘을 가해줘서 원심력의 힘이 구심력보다 최소한 같거나 커야 합니다.

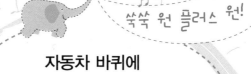

쑥쑥 원 플러스 원!

자동차 바퀴에 홈이 파여 있는 이유는?

차량 바퀴나 신발 바닥이나 똑같습니다. 신발 바닥에 홈이 있는 이유는 미끄러지지 않기 위해서입니다. 자동차 타이어도 마찬가지입니다. 타이어가 오래 닳아 그 홈이 없어지면 빗길에 그냥 쭉 미끄러져 대형사고가 날 수 있습니다. 눈길에도 마찬가지입니다. 또 자동차는 아스팔트만 달리는 것이 아니고, 비포장도로나 아스팔트 · 시멘트 도로 · 자갈길 · 빗길 · 눈길을 다 달립니다. 안전을 위해 홈을 만들어 놓은 것입니다.

리모컨은 어떻게 작동할까요?

리모컨은 '멀리 떨어져서 무선으로 기계를 조종한다'는 의미를 지닌 '리모트 컨트롤(Remote Control)'의 줄임말입니다. 리모컨의 등장으로 우리는 가전제품에 손을 대지 않고도 스위치를 켜거나 끌 수 있는 편리함을 맛보게 되었습니다.

손을 대지 않고도 채널을 바꿀 수 있는 편리한 기계인 리모컨은 바로 전자기파를 이용한 것입니다. 전자기파란 빛과 전파 · 적외선 · 자외선 · X선을 통칭하는 것인데 이 중 빛(가시광선)만 우리 눈으로 볼 수 있습니다.

우리가 리모컨의 버튼을 눌러 명령을 내리면 리모컨의 앞쪽에 달린 전구에서 적외선이나 초음파 · 전파 등이 나갑니다. 보통 일반 가정에서 TV시청을 위해 이용하는 리모컨은 가시광선보다 낮은 주파수를 가진 적외선을 사용합니다.

리모컨은 가전제품을 직접 향하지 않고 다른 방향으로 겨냥해도 작동됩니다. 그 이유는 적외선이 벽·거울 등에 반사되기 때문입니다. 하지만 검은색은 적외선을 흡수하는 성질을 갖고 있어 검은색 벽지 등에서는 작동이 잘 되지 않습니다. 적외선은 눈에 보이지는 않지만 지구 어디에나 있습니다. 태양 에너지 가운데 절반이 바로 적외선입니다. 적외선은 의료용으로도 많이 쓰입니다. 유해균을 소독하거나 종양과 같은 나쁜 덩어리를 없앨 때, 뼈와 근육이 잘 움직이도록 물리치료를 할 때도 적외선을 사용합니다.

♬♪ ♪
쑥쑥 원 플러스 원!

여름에 선풍기를 켜고
자면 위험한 이유는?

선풍기를 밀폐된 공간에서 장시간 틀어놓고 잠을 자면 선풍기 바람 때문에 산소 부족으로 죽게 됩니다. 즉 밀폐된 공간에서 선풍기를 켜 놓고 잘 경우 호흡수가 빨라져 산소 소모가 많아지기 때문에 산소부족으로 생명이 위협받게 되는 것이지요. 술을 마신 뒤 선풍기 바람을 계속 쐴 경우에는 체온이 급격히 떨어져 신진대사에도 이상이 생기기 때문에 술을 마신 뒤 밀폐된 공간에서 선풍기를 켜 놓고 자는 것은 절대로 피해야 합니다. 선풍기를 틀어놓고 잠을 잔다거나 에어콘을 켜놓고 자면 안 되고, 불가피할 경우에는 반드시 바람이 잘 통하게 해놓아야만 한답니다.

매운 음식을 먹으면 왜 콧물이 나올까요?

뜨거운 찌개나 감자탕 등을 먹을 때, 사람들은 땀과 함께 콧물도 나오는 것을 느꼈을 것입니다. 뜨거운 음식을 먹으면 몸이 따뜻해져 당연히 땀이 나는 것으로 여겨지는데, 매운 것을 먹을 때도 땀이 나는 것은 조금 이상합니다.

그 이유는 우리 몸의 미각의 조직과 관계가 있습니다. 보통 맛은 혀를 통해 느끼게 되는 데 매운 맛은 혀에서 느끼지 못합니다. 혀에는 매운맛과 떫은맛을 감지하는 능력이 없기 때문입니다. 혀가 지각할 수 있는 맛은 짠맛·단맛·신맛·쓴맛의 네 가지 뿐입니다.

의학적으로도 우리가 매운 음식을 먹었을 때 뇌가 매운맛을 통증으로 인식하여 콧물이 나오도록 합니다. 매운 맛을 내는 성분은 캡사이신이라는 휘발성 물질인데, 이것이 혀를 자극하고 점막을 자극해 그 자극이 뇌에 전달되면 맵다고 느끼게 되는데, 뇌는 이 자극을 통증이라고 판단합니다. 뇌는 통증을 몸에 해로운

것으로 판단해서 이것을 희석시키기 위해 코에는 콧물을, 눈에
는 눈물을 내보내는 것입니다. 이러한 현상은 매운 음식의 냄새
만 맡아도 마찬가지로 나타납니다. 매운 향이 콧속의 점막을 자
극하여 콧물이 나오게 됩니다.

　대부분의 사람들이 매운 것을 먹으면 스트레스가 풀린다고 하
는 것은 뇌가 매운 자극의 통증 완화를 위해 기분을 좋게 만드는
엔도르핀을 배출하기 때문입니다.

쑥쑥 원 플러스 원!

사람은 하루 중
어느 때 가장 키가 클까?

잠을 푹 잘 잔 날 아침입니다. 그 이유는 척추골 사이에
있는 섬유질로 된 연골판이 늘어나기 때문이지요. 연골판은
신체에 가중되는 모든 충격을 흡수하는 역할을 합니다.
다시 말해 체중이나 온갖 종류의 긴장, 이외에도 모든 육체
운동으로 일어나는 심장 박동의 변동 등 몸에 일어나는 모든
변화를 흡수합니다. 따라서 하루가 끝날 쯤에 연골판은
빡빡하게 압축되어 있지만, 밤새 수면을 취한 뒤에는
다시 원래의 크기로 돌아옵니다. 그래서 다음날
아침이 되면 사람의 키는 조금 더 커지게
되는 것이랍니다.

34

머리를 맞으면 뇌세포가 죽을까요?

손바닥으로 치는 정도로는 제아무리 세게 쳐도 뇌세포가 죽지는 않습니다.

뇌세포가 죽는다는 것은 결국 뇌사 상태를 말합니다. 뇌사 상태에 이르려면 최소한 교통사고로 인하여 두개골이 골절이 된다든지, 뇌진탕 또는 산에서 굴러 떨어져 머리를 크게 다치면서 순간적으로 의식을 잃고 호흡이 끊겨 더 이상 뇌에 규칙적인 산소와 혈액의 공급이 끊길 경우, 이때부터 뇌세포는 죽을 수 있습니다.

뇌세포는 인체에서 가장 깨끗한 산소와 가장 많은 산소, 가장 많은 혈액을 필요로 하는 장기입니다.

이 뇌에 혈액과 산소의 공급이 끊기면 의식을 잃게 되고, 이로 인하여 숨이 막히면서 호흡이 끊긴다면 심장이 정지되고 이때부터 뇌세포가 죽으면서 사람은 뇌사상태로 됩니다.

손바닥으로 쳐서는 뇌세포가 죽지는 않고 대형사고로 인하여 산소와 혈액의 공급이 끊긴다면 4분 만에 뇌는 모든 세포가 죽을 수 있습니다.

쑥쑥 원 플러스 원!

졸리면 왜 눈을 문지를까?

졸리면 하품이 나옵니다. 그리고 계속 눈을
깜박거린다거나 눈을 문지르기도 합니다.
하품을 하는 것은 피로로 인하여 산소가 부족하여
오는 것이기 때문에 심호흡을 하여 산소의 보급을 꾀하기
위한 것입니다. 눈을 문지르는 것은 눈알이 건조하기
때문입니다. 이것은 보통 눈물샘에서 나오는 눈물이
눈동자를 적시고 있는데, 졸리게 되면 눈물샘의 기능이
저하되어 눈물의 양이 감소됩니다. 이 기능의 저하는
졸리게 됨과 동시에 시작됩니다. 결국 졸리게 되면
눈을 문지르는 것은 눈물샘을 자극하여 눈물의
분비를 촉진시키고, 졸음을 없애려는
과학적인 행위입니다.

머리카락은 하루에 얼마나 자랄까요?

머리카락의 가장 큰 임무는 우리의 머리를 보호하는 것입니다. 중요한 뇌를 보호하기 위해 단단한 머리뼈도 필요하고 그 위에 머리카락도 있는 것입니다. 머리카락이 있기 때문에 어떤 물체에 부딪혔을 때도 머리를 안전하게 보호할 수 있습니다.

머리카락은 하루에 약 50개 정도가 빠집니다. 그러나 빠지기만 하는 것이 아니라 또 계속해서 새로운 머리카락이 나기도 합니다. 머리카락은 하루에 약 0.2mm~0.3mm 정도 자랍니다. 아침 10시에서 11시 사이에 가장 잘 자라고, 그다음은 오후 4시에서 6시 사이, 밤에는 좀처럼 자라지 않습니다.

머리카락의 수명은 남자와 여자가 조금 다릅니다. 일반적으로 여자는 6년에서 7년인 데 비해 남자는 불과 3년에서 5년 정도입니다.

머리카락의 색깔은 머리숱과 관계가 있습니다. 금발은 대부분 검은 머리나 붉은 머리, 기타 더 짙은 머리색보다 숱이 많습니다. 금발인 사람은 보통 12만 개의 머리카락을 가졌으며 갈색은 약 10만 개, 붉은 머리는 약 8만 개 정도입니다.

가을에 유난히 머리카락이 많이 빠지는 이유는 바로 탈모에 영향을 주는 남성호르몬인 테스토스테론이 증가하기 때문입니다. 테스토스테론의 일시적인 증가는 모발이 자라는 기간을 단축시키고 모낭의 크기도 줄어들게 합니다. 그뿐만 아니라 가을의 건조한 날씨는 두피의 각질층을 두껍게 만들어 탈모를 촉진시킵니다.

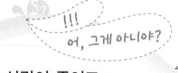

!!!
어, 그게 아니야?

사람이 죽어도
머리카락은 계속 자란다?

그렇지 않습니다. 머리카락과 손톱은 모두 죽은 조직으로 되어 있으며 살아 있는 부분은 피부 깊숙이 들어 있습니다. 그래서 뽑지 않는 한 머리카락이나 손톱은 잘라도 아프지 않은 것입니다. 사람이 죽어 생명활동이 중단되면 당연히 머리카락과 손톱도 자랄 수 없습니다. 그런데 질문처럼 머리카락이나 손톱이 죽은 후에도 계속 자란다는 말을 종종 들을 수 있습니다. 하지만 이는 잘못된 얘기로 근거가 없으며, 그러한 말이 나오게 된 것은 사후에 피부가 건조해지고 손가락·발가락 끝에서부터 오그라들기 때문입니다. 말단부의 피부가 오그라들면서 피부 속의 손톱이나 머리카락이 더 드러나 보여 자란 것처럼 보일 뿐입니다.

먹구름은 왜 검은색일까요?

비가 오기 전에 하늘이 점점 어두워지는 것을 많이 보았을 것입니다. 맑은 날의 흰색과는 다른 검은빛에 가까운 먹구름이 됩니다. 그 이유는 구름은 위로 올라가는 공기가 냉각되어 수증기나 얼음으로 변한 물방울 형태의 작은 알갱이들이 뭉쳐 만들어졌기 때문입니다. 구름이 검게 보이는 것은 구름의 두께와도 관련이 있습니다.

구름은 제각기 다른 크기의 알갱이들이 모여 있어서 산란되는 빛이 매우 다양합니다. 구름 속에 있는 물방울들이나 얼음 조각들이 모든 색깔의 빛을 산란시키게 되는 것입니다. 이러한 이유로 얇은 구름은 흰색으로 보입니다. 모든 파장의 빛이 반사되면 흰색으로 보이는 원리와 같습니다.

그렇지만 비가 내릴 정도로 구름이 두꺼워지면 아주 작은 양의 빛만이 구름을 통과할 수 있습니다. 따라서 구름 아랫부분에 도달하는 빛의 양은 급격히 줄어듭니다. 우리가 눈으로 보게 되는 곳이 구름의 아랫부분이기 때문에 빛이 적게 도달하여 어둡게 보이게 되는 것입니다.

비록 구름의 두께가 두껍더라도 뭉게구름은 하얗게 보입니다. 이는 구름 속을 지나온 빛을 보는 것이 아니라 구름의 표면에서 산란된 빛이 우리 눈으로 들어오기 때문입니다. 태양의 위치에 따라 까맣게 보일 수도 있고 하얗게 보일 수도 있습니다.

쑥쑥 원 플러스 원!

메아리란 무엇일까?

메아리란 소리가 산과 같은 장애물에 튕겨져 돌아와서 들리는 소리입니다. 예를 들면 산에 올라가서 야호를 외치면 잠시 후에 야호 소리가 다시 들립니다. 이는 소리가 앞에 있는 산에 튕겨져 나와서 다시 자신의 귀로 들리는 것입니다. 이때 시간차는 소리의 속도가 1초에 344m를 가기 때문에 산의 거리에 따라 빨리 들리기도 하고 몇 초 후에 들리기도 합니다. 그리고 메아리는 산말고도 넓은 실내 공간, 예를 들면 실내 체육관에서도 들립니다.

멀미는 왜 일어날까요?

요즈음의 현대식 선박에는 동요를 막기 위한 여러 장치가 갖추어져 있고, 비행기는 대체로 고공을 비행하기 때문에 과거에 비해 뱃멀미나 비행기 멀미를 하는 사람은 줄었습니다. 그러나 아직도 배·비행기·자동차·기차·롤러코스터 등을 타다가 멀미를 하는 사람들이 무척 많습니다.

멀미가 일어나는 명백한 원인은 귀의 제일 안쪽에 있는 내이(속귀)의 균형을 유지하는 평형감각 기관 때문입니다. 귀는 청각을 담당하는 감각기관이지만 몸의 기울어짐이나 회전등을 느끼는 평형 감각기관이기도 합니다. 내이에는 회전 감각을 느끼는 세반고리관이 있는데, 지나친 자극이 이 세반고리관 속의 액체가 3개의 반원형 관속을 빠르게 흐르게 하여 서로 상충하는 신경신호를 뇌에 전달하므로 뇌가 판단에 혼란을 일으키게 됩니다. 피부에 부착하는 패치형 멀미약을 귀밑에 붙이는 것도 이런 이유 때문입니다. 어떤 사람들의 경우는 불안 때문에 멀미가 나기도 하는데, 차차 여행에 익숙해지면 멀미의 고통에서 벗어나게 됩니다.

전형적인 멀미 증상은 피로·현기증·구토 등이 있습니다. 몇 가지 약이 효과적인 것으로 알려져 있지만, 그중 일부는 졸음을 유발하기 때문에 운전을 하지 않는 경우에만 사용해야 합니다. 출발 전에 충분한 휴식을 취하고 식사는 가볍게 하며, 차 안의 공기를 신선하게 유지하면 멀미를 줄일 수 있습니다.

쑥쑥 원 플러스 원!

껌을 씹으면 멀미에 도움이 되는 이유는?

멀미는 평형감각에 혼란이 오기 때문에 발생합니다. 몸의 평형감각이 자동차나 배의 익숙하지 않은 움직임에 적응하지 못하는 것이지요. 또한 두려움이나 피로감이 평형감각 기관에 민감한 영향을 미쳐 멀미를 일으킬 수 있습니다. 오징어나 껌을 씹는 근육 운동은 머리의 혈액 순환을 활발하게 만들어 두려움이나 피로감 같은 정신적인 요소를 완화시켜 줍니다. 또 껌의 향기는 후각기관의 민감도를 낮춰 구토 증세를 완화시킵니다. 다만 오징어 고유의 냄새는 오히려 후각기관을 자극해 구토를 유발할 수 있습니다.

목욕 후 왜 손발이 쭈글쭈글해질까요?

목욕 후의 주름은 피부층과 피부의 천연보호 기름 층의 차이 때문에 생깁니다. 목욕을 할 때는 피부의 최상층이 많은 물을 흡수합니다. 이에 반해 피부의 아래층은 물을 흡수하지 않아 더 이상 부피가 늘어나지 못합니다. 그래서 피부의 겉은 골이 지거나 주름이 지게 됩니다.

우리 몸의 약 75%가 물로 이루어져 있습니다. 이 양은 우리가 얼마만큼의 지방을 가졌느냐에 따라 조금씩 다릅니다. 탈수 현상은 우리 피부 표면에 있는 보호 기름막이 씻겨 없어졌을 때 나타납니다. 이때 우리 몸에 있던 수분이 피부세포 밖으로 새어 나오기 시작합니다.

이 피부세포들은 반투막을 가지고 있어 수분을 쉽게 배출하지만 그만큼 흡수하지 못합니다. 일단 기름이 빠져나가면, 물속에 담근 지 15분쯤 지나서 수문이 밖으로 열립니다. 그러면 수분이 바깥으로 빠져나가면서 주름이 생기게 됩니다. 손가락 끝과 손바닥이 손등에 비해 더 빨리 쪼글쪼글해지는 것은 손등에는 여분의 피지선이 있기 때문입니다 이 피지선은 보호 기름층이 씻겨 나가자마자 계속해서 보호 기름을 보충해 줍니다.

쑥쑥 원 플러스 원!

온몸을 도는 혈액의 속력은?

심장의 펌프질에 의해 온몸으로 혈액이 순환합니다.
심장에서 나온 피가 다시 심장으로 되돌아오기까지
걸리는 시간은 놀랍게도 25~30초밖에 걸리지 않습니다.
피의 순환 속도를 시속으로 환산하면 약 216km입니다.
즉 한 시간 동안에 216km를 달리는 셈입니다.
보통 고속도로의 자동차의 속력 120km와 비교한다면
엄청나게 빠른 속력입니다. 서울에서 부산까지 단
2시간 만에 도착할 수 있는 빠르기입니다.

몸이 아프면 왜 열이 날까요?

몸이 아플 때 온도가 올라가면서 열이 나는 것은 백혈구의 일종인 대식세포가 인터류킨이라는 물질을 분비해, 이것이 온도조절 중추인 시상하부의 온도 조절기를 자극했기 때문입니다. 열이 오르면 세균이나 바이러스가 약해지고 철의 양이 감소됩니다. 미생물이 많이 필요로 하는 철의 공급이 차단되는 것입니다. 이것이 감기나 다른 염증이 있을 때 체온이 올라가는 까닭입니다.

그래서 미열 정도는 해열제를 먹지 않고 참는 것이 좋고, 벌레에 물렸다고 히스타민을 무력화시키는 연고인 항히스타민제를 바르는 것이 원론적으로는 좋지 않습니다. 상처 부위에는 히스타민 등의 물질 때문에 핏속의 혈장이 조직으로 스며 나와 아프고, 가려우며 부어 오릅니다 이 또한 항체가 감염 부위에 쉽게 공급될 수가 있도록 돕는 자연적인 방어수단입니다.

상처가 나면 항체보다도 제일 먼저 알고 달려오는 것이 식세포입니다. 보통 식세포는 세균 20마리 정도를 잡아먹고 수명을 마치지만 대식세포는 1백 개까지 먹어서 녹입니다. 이들 세포는 아메바처럼 기어가 병균을 덮쳐서 잡아먹는데 이를 식균작용이라고 합니다. 이들은 가수분해 효소를 갖는 리소솜이 결합한 식포를 가지고 있어 세균을 삼킨 다음 식포를 터뜨려 가수분해시켜 버립니다. 그런데 결핵균 같은 것은 세포벽이 워낙 튼튼해 식세포의 효소로 녹이지 못해 항생제를 써야 합니다.

쑥쑥 원 플러스 원!

코가 막히면
맛을 느낄 수 없는 이유는?

감기에라도 걸려 코가 막히면 기분도 개운치 않을 뿐만 아니라 음식을 맛있는 음식을 먹어도 그 맛을 잘 느끼지 못합니다. 그 이유는 음식물은 입으로만 맛보는 것이 아니기 때문입니다. 혀로 느끼는 것은 단맛·짠맛·쓴맛·신맛의 기본적인 4개의 맛뿐입니다. 음식물 특유의 맛을 느끼는 것은 먹고 있는 사이에 냄새가 코로 들어간다는 것이 중요한 사실입니다. 눈을 감고 코를 막은 다음 같은 크기로 자른 사과와 감자를 교대로 먹어보면 어느 쪽을 먹고 있는지 구별이 쉽지 않습니다. 먹는다는 것은 눈으로 보고, 입으로 맛보고, 코로 냄새를 맡는 행위이기 때문이지요.

물방울이 둥근 이유는 무엇일까요?

물방울이 둥근 것은 물의 표면에서 작용하는 표면장력 때문입니다. 표면장력이란, 액체와 기체 혹은 액체와 고체 등 서로 다른 상태의 물질이 맞닿아 있을 때 그 경계면에 생기는 면적을 최소화하도록 작용하는 힘을 말합니다.

표면장력이 생기는 이유는 표면에서의 액체분자의 분포가 액체 내부의 그것과 다르기 때문입니다. 액체 내부에 있는 분자는 그것을 사방에서 둘러싸고 있는 다른 분자들로부터 동시에 인력을 받습니다.

그러나 경계면에서는 한쪽은 액체이지만, 다른 한쪽은 공기이므로 분자들이 한쪽에만 몰려 있고 분자의 수도 절반밖에 되지 않습니다. 이 때문에 표면에 있는 분자들은 공기와 닿는 표면적을 최소화하려고 합니다.

물방울이나 비누거품에서도 기체에 접해 있는 액체 표면에서 액체가 같은 부피를 유지하면서 겉넓이가 최대한 작게 되도록 표면장력이 작용합니다. 구는 정육면체나 직육면체처럼 각이 진 모양보다 표면적이 적어서 물방울이나 비누거품이 둥근 형태를 취하는 것입니다.

!!!
어, 그게 아니야?

미네랄이 풍부한
물을 마시면 더 오래 살까?

많은 사람들이 미네랄(알칼리성 광물질)이 우리 몸에 좋은 것으로 착각하고 무조건 다 섭취해야 한다고 주장하고 있습니다. 물속에는 유기미네랄과 무기미네랄이 존재하는데 인간이 필요로 하는 유기미네랄은 전체 미네랄 성분의 1%밖에 들어 있지 않다고 합니다. 무기미네랄을 과다 섭취하게 되면 인체의 신장 · 동맥 · 혈액 등에 축적되어 심각한 질환(동맥경화 · 신장결석 · 요관 · 쓸개 · 관절의 결석)을 일으킬 수도 있습니다. 그러므로 미네랄을 얻기 위해서라면 차라리 유기미네랄이 함유된 사과 반쪽이나 멸치 한 마리를 먹는 편이 더 빠르고 안전합니다.

41

물 위의 기름은 왜 무지갯빛으로 보일까요?

액체의 표면에는 자신들의 분자끼리 서로 잡아당기는 힘이 작용합니다. 이것을 표면장력이라고 합니다. 예를 들면 수은을 유리면 위에 한방울 떨어뜨렸을 때 수은은 표면장력이 매우 크기 때문에 동그란 모양을 유지하게 됩니다. 하지만 이와는 반대로 표면장력이 아주 작은 기름은 물위에 떨어뜨렸을 경우에 아주 넓은 면적으로 퍼져나가게 되어 우리가 상상할 수 없는 아주 얇은 막을 형성하게 됩니다. 이 막에 빛이 들어가게 되면 막의 표면과 막의 이면에서 반사를 하게 되는데 우리가 눈으로 볼 수 있는 빛인 가시광선은 그 색깔에 따라 물체에 들어갈 때 휘어지는 정도가 다릅니다.

기름의 막에서는 그냥 반사를 하지만, 막 속에 들어간 빛은 색깔에 따라 다르게 휘어져 막의 이면에서 반사하고, 또 막 표면을 나올 때 또 한 번 틀리게 휘어져 나오기 때문에 우리 눈에는 무지개 색깔로 보이게 되는 것입니다. 이때 일곱 가지 색깔 중 푸른빛 쪽이 가장 많이 휘게 됩니다.

　비눗방울 놀이를 할 때 비눗방울도 기름막과 같은 원리로 영롱한 무지갯빛으로 보입니다. 얇은 유리판이 두 장 겹쳐 있으면서 그 사이에 습기가 있어도 무지갯빛으로 보이게 됩니다. 비온 뒤의 하늘에 뜬 무지개도 공중에 떠있는 개개의 물방울에 들어가고 나오는 빛이 색깔에 따라 휘는 정도가 틀리게 되어 하늘에 무지개가 만들어지는 것입니다

　기름막에서의 무지개와 하늘에 뜬 무지개의 틀린 점은 기름막 위의 무지개는 빛의 반대편에서 반사되는 모양을 보는 것이고 하늘에 뜬 무지개는 해를 등지고 바라본다는 것입니다.

쑥쑥 원 플러스 원!

무지개가 태양
반대쪽에 생기는 이유는?

흔히 비온 뒤에 햇빛을 받아 7색 반원 모양의 무지개가 태양의 반대쪽에 생깁니다. 무지개는 공중에 떠 있는 물방울에 태양빛이 반사되어 나타나는 현상이므로 태양의 반사광을 보려면 태양을 등진 상태에서만이 볼 수 있기 때문에 당연히 태양의 반대쪽에서만 볼 수 있습니다. 대부분의 무지개는 아침나절이나 저녁때쯤에 주로 볼 수 있고, 태양이 하늘 가운데 있을 때는 무지개를 볼 수가 없습니다. 그러나 비행기를 타고 공중에서 태양을 등지고 아래를 내려다보면 원형의 무지개를 볼 수도 있답니다.

물안경을 쓰면 왜 물속이 선명하게 보일까요?

수영을 할 때 많이 사용하는 물안경의 유리는 렌즈가 아닌 단순한 유리입니다.

빛이 공기 중에서 수정체를 통과할 때의 굴절률과 빛이 물속에서 수정체를 통과할 때의 굴절률이 서로 다른데, 공기 중에서 수정체로 빛이 진행할 때의 굴절률이 더 큽니다. 공기 중에서 수정체를 통과하여 뒤 쪽의 망막에 초점을 맺게 될 때 선명한 물체를 볼 수 있습니다.

그런데 물속에서 물체를 보는 경우는 원시안처럼 망막 뒤쪽에 물체의 상이 생기므로 선명하게 물체를 볼 수 없습니다. 물안경을 쓰면 물과 눈 사이에 공기층이 생깁니다. 공기층을 통하여 수정체를 통과하므로 상대굴절률이 물 밖에서의 상대굴절률과 같습니다. 그러므로 물 밖에서와 같이 물체의 상이 망막의 뒤편에 정확하게 생기므로 선명한 물체를 볼 수 있게 됩니다.

그러나 공기 중에서 망막의 바로 앞에서 상을 맺는 근시안인 사람이라면 다릅니다. 상대굴절률이 작은 것이 물체의 상을 물 밖에서보다 뒤로 밀어서 망막에 초점을 맺게 하므로 밖에서보다도 선명하게 보이게 합니다. 둥글게 툭 튀어 나온 물고기의 눈은 물속에서 수정체를 통과할 때 망막에 상이 잘 생기도록 굴절률이 아주 큽니다. 이것은 수중에서 물체를 선명하게 보기위한 메커니즘입니다.

쑥쑥 원 플러스 원!

터널이 모두 둥근 이유는?

둥근 모양과 사각 모양의 단면(옆에서 자른 모양)을 갖고 실험을 해 보면, 똑같은 힘을 줄 때 사각은 네 모퉁이는 튼튼하지만 가운데는 구부러듭니다. 그러나 둥근 단면은 힘이 모두 중심을 향하므로 어느 한 부분에 큰 힘이 작용하지 않아 튼튼합니다. 그래서 모든 터널과 가스관은 둥근 모양을 하고 있습니다.

물집은 왜 생길까요?

43

물집은 세포 내에서 발생되는 액체입니다. 발뒤꿈치와 같은 신체 부위에 자극이 반복되면 생기게 됩니다. 처음에는 자극 부위가 빨갛게 부풀어 오릅니다. 이런 상황이 계속되면 피부의 껍질 아래에 투명한 액체가 고이면서 물집주머니가 생깁니다. 이는 반복된 자극을 받은 피부의 표피와 진피 간에 림프액이 고여 수포가 생기는 현상입니다. 물집을 따주면 2차 염증이 발생할 수 있으니 저절로 없어질 때까지 불편하더라도 참는 것이 좋습니다.

물집이 생기면 여간 불편하지 않습니다. 물집은 본질적으로 발과 신발의 마찰에 의해 많이 생깁니다. 특히 운동화나 구두가 습한 상태이면 더욱 그렇습니다. 또는 양말이 원인일 수도 있습니다. 양말 크기가 딱 맞지 않거나 주름 또는 양말의 소재 때문에 물집이 생깁니다.

물집을 예방하기 위해서는 100% 아크릴 섬유로 된 양말을 신는 것이 좋습니다. 습기를 제거하고 물집을 방지하는 데 효과가 있습니다. 순면 양말은 운동량이 많거나 피부가 민감한 사람에게 물집을 더 생기게 하므로 피하는 것이 좋습니다.

쑥쑥 원 플러스 원!

햇빛에 허물이 벗겨지는 이유는?

한여름의 뜨거운 햇볕은 조금만 오래 받아도
살갗이 빨개지고 쓰리게 됩니다.
허물이 벗겨지는 것은 뜨거운 열에 의해
피부세포가 죽는 것입니다.
검게 타면서 죽은 살갗이 벗겨지는 것입니다.
물이 묻은 상태에서 햇빛을 쬐게 되면 물이
증발되면서 살이 더 빨리 열을
받게 됩니다.

바늘은 어떻게 물위에 뜰까요?

44

바늘은 물보다 밀도가 크며 배처럼 공기를 포함하고 있지 않은데도 물위에 뜰 수 있습니다. 바늘을 뜨게 하는 힘은 부력이 아니라 표면장력입니다. 액체 내부에서는 액체 분자 하나가 서로 다른 분자들에 의해 둘러싸여 있습니다.

그러나 액체 표면에서는 표면 분자들 위에 액체 분자가 없습니다. 만일 한 표면 분자가 약간 올려진다면 그 분자와 이웃 분자들 사이의 분자 결합은 끌려서 늘어날 것입니다. 이때 그 분자를 표면 쪽으로 다시 끌어들이려는 복원력이 나타납니다. 이것은 마치 고무줄이 늘어났을 때 원 상태로 돌아가려는 힘과 비슷합니다.

바늘 밑의 액체 분자들은 밑으로 약간 눌리므로 이웃 액체 분자들은 위 방향의 복원력을 작용하여 바늘을 지탱하게 됩니다. 이것은 늘어난 탄성막과 비슷한 것입니다. 이렇게 작용하는 액체 분자의 힘을 표면 장력이라고 합니다.

　이런 표면장력 때문에 작은 액체 방울은 구형이 됩니다. 큰 액체 방울은 중력 때문에 짓눌려 타원형에 가깝습니다. 그러나 무중력 상태에서는 머리만큼 큰 물방울도 완전한 구형을 유지할 수 있는데, 그것도 표면 장력 때문에 표면적을 최소화한 결과입니다.

쑥쑥 원 플러스 원!

차가 빙판길에서
급정차하면 회전하는 이유는?

빙판길에서 브레이크를 세게 밟으면 바퀴는 돌지 않지만
차체는 미끄러져 나갑니다. 빙판은 마찰력이 적어 자동차가
앞으로 나가려는 관성을 이기지 못하기 때문이지요. 이때
차가 회전하는 이유는 차의 네 바퀴에 걸리는 무게가 동일하지
못하기 때문입니다. 예를 들어 운전자만 탄 자동차는 운전자와
가까운 바퀴에 무게가 더 많이 실립니다. 이때 앞으로
나가려는 관성도 운전자 쪽에 더 크게 작용합니다.
이런 상황에서 급정차를 시도하면 자동차의 운전자
쪽 앞 부위가 더 나가 버립니다. 그래서 차는
앞으로 밀려나가는 동시에 균형을 잃어
회전하게 되는 것입니다.

바다는 왜 파랄까요?

바다의 색깔은 광선이 물속의 작은 미립자에 의해서 흐트러지기 때문에 생깁니다. 빛은 바닷속 깊이 투과하지 못하고 바닷물에 흡수되는 파장이 긴 붉은색이나 노란색이 파장이 짧은 파란색보다 빨리 흡수됩니다. 만일 표층에 미립자가 없다면 붉은색이나 노란색은 바닷물에 흡수되어 버리고 파란색만 더 깊은 데까지 투과되어 미립자에 의해 흐트러져 우리의 눈에 파란 바다로 보이게 됩니다. 만일 파란색도 흐트러지지 않고 바닷물에 흡수되는 경우에는 검은 빛깔의 바다로 나타납니다.

먼바다의 물 색깔은 대체로 파란색입니다. 특히 열대지방과 아열대 지방 연안의 바닷물은 초록색을 띠고 있습니다. 이것은 황색 색소가 파란색과 혼합되기 때문에 생기며 식물성 플랑크톤의 한 종류가 황색 색소의 요인이 되고 있습니다.

다른 종류의 식물성 플랑크톤은 바닷물 색을 갈색이나 적갈색으로 만들기도 하고 연안에 있는 진흙이나 침전물질도 갈색 요인이 됩니다. 바다로 흘러 들어가는 강물도 바다색을 변화시키는 요인이 되고 있습니다. 바닷물의 색깔은 항상 변하고 있는데 구름이 태양빛을 차단하기도 하고 태양광선이 대기 중에서 분산되어 버리기 때문입니다. 해양학자들은 '호렐' 병이라고 불리우는 유색 물병을 사용하여 바닷물의 색깔을 비교 조사합니다.

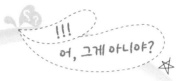

!!!
어, 그게 아니야?

뜨거운 물보다 찬물에 불이
더 잘 꺼진다?

물은 직접적이 아닌 간접적으로 불을 끕니다.
다시 말하자면 물은 타고 있는 물질과 접촉했을 때
생기는 수증기에 의해서 불과 산소의 접촉을 차단해
줌으로써 불을 끕니다.
그러므로 물 자체가 뜨거울수록 수증기가
더 잘 생기게 되어 불을 더 쉽게 끌
수가 있습니다.

바닷속은 왜 깜깜할까요?

빛은 바다에서도 매우 중요한 역할을 합니다. 바닷속 플랑크톤의 광합성 및 생물체의 시야를 적절히 확보해 주기도 합니다. 또한 바다표면을 데워주어 해양-대기 순환에 많은 역할을 합니다. 그러면 빛은 바다표면으로부터 바닷속까지 어떻게 전달될까요? 재미있게도 바닷물은 빨간색을 잘 흡수하며, 푸른색은 잘 통과시킵니다. 그러므로 바닷물은 푸르게 보이는 것입니다. 물론 플랑크톤의 종류와 분포에 따라 해수의 색깔은 붉게 되거나(적조현상), 또는 흰색(백색화 현상), 갈색(다량의 유기물질)을 띠기도 합니다.

일반적으로 깨끗한 바닷물의 경우, 육안으로 물체를 식별할 수 있는 정도로 빛이 침투할 수 있는 바닷물의 깊이는 수십 미터 이내로 제한됩니다. 바닷물이 빛을 흡수하는 이유는 물은 극성분자로 이루어져 비교적 좋은 전도체(전기를 잘 전달하는 물질)이기 때문입니다. 전자기파(빛)는 비전도성 물질(건조한 목재나 종이 · 시멘트) 등은 통과하지만 전도성 물질(구리 · 철 등 금속류)은 전혀 투과하지 못하는 현상을 보면 왜 바닷물이 빛을 잘 흡수하는가를 이해할 수 있습니다.

쑥쑥 원 플러스 원!

유리는 왜 투명하게
보일까요?

유리를 고체라고 생각하는 분이 많을 것이라 여겨지지만, 그러나 유리는 딱딱한 젤리 과자같이 매우 밀도가 높은 액체입니다. 옛날 학교 유리창을 보면 윗부분보다 밑부분이 두껍다는 사실을 발견할 것입니다. 이것은 시간이 지나가면서 유리가 밑으로 흘러내렸기 때문입니다. 우리가 유리를 통해 볼 수 있는 것은, 기본적으로 물과 같은 액체를 통해 볼 수 있는 것과 같은 이유입니다. 분자들이 느슨하게 배치되어 있기 때문에 빛을 가로막지 않는 것입니다.

바람은 왜 불까요?

바람이 공기의 운동 때문에 생긴다는 것을 다 알고 있을 것입니다. 그러면 왜 공기는 운동을 할까요? 기압차 때문입니다. 기압이란 공기가 지표면을 누르는 힘의 크기를 말하는데, 기압의 크기는 공기의 성질에 따라 달라집니다.

일반적으로 따뜻한 공기가 있는 쪽은 공기의 밀도가 작아져서 가벼워지므로 기압이 작아지고, 찬 공기가 있는 쪽은 밀도가 커져서 무거워지므로 기압도 커집니다. 따라서 따뜻한 공기가 있는 쪽과 찬 공기가 있는 쪽 사이에는 기압차가 생기고, 기압차가 생기면 공기는 고기압 쪽에서 저기압 쪽으로 이동하며 바람이 불게 됩니다. 기압차가 클수록 바람은 세게 붑니다.

기압차는 주로 지표면의 가열이나 냉각 차이 때문에 생깁니다. 지표면은 육지와 바다, 초원이나 사막, 얼음 지대 등과 같이 그 상태가 서로 다릅니다. 똑같은 양의 태양 에너지를 받아도 데워지는 정도가 다르고, 또 밤에 식는 정도도 다릅니다. 이에 따라 지표면 위에 있는 공기도 데워지거나 식어지는 정도가 달라져 더운 공기와 찬 공기가 생기게 되고, 그에 따른 기압차가 생겨서 바람이 부는 것입니다.

　지구상에는 해안 지방에서 부는 해풍·육풍, 산악 지방에서 부는 산바람·골바람, 그리고 계절에 따라 부는 계절풍 등 여러 가지 바람이 있습니다.

♬♪ 쑥쑥 원 플러스 원!

달이 우리를
뒤쫓아오는 이유는?

우리 눈에 달은 별로 멀어 보이지 않지만 실제로는 지구로부터 평균 38km나 떨어진 곳에 있습니다. 자동차를 타고 달리면서 달을 쳐다보면 마치 달이 우리를 뒤쫓아오는 것처럼 보이는데 이것이 바로 큰 거리 간격 때문입니다. 쉽게 말해서 전적으로 심리적인 현상인 것입니다. 우리가 걸을 때 건물이나 동산 등과 같은 풍경은 모두 반대쪽으로 지나갑니다. 그러나 달은 지구와 38만 km라는 거리를 두고 있기 때문에 아무리 달려봤자 우리가 달을 보는 각도에는 거의 변동이 없습니다. 다른 것은 그 동안 모두 뒤로 달아나버리기 때문에 뒤쫓아오는 것처럼 느끼는 것입니다.

48

밤이 되면 왜 잠이 올까요?

동식물 세포 내에서 물시계와 비슷한 원리로 작동하는 생체시계가 있기 때문입니다. 이 생체시계는 물그릇에서 일정한 속도로 아래쪽 물받이로 물이 흘러내리고 물받이에 물이 차면 다시 새로운 주기가 시작되는 물시계와 유사한 작동과정을 가지고 있습니다.

생체시계의 한 주기는 바로 세포의 핵에서 시작됩니다. 핵에는 생체시계의 작동을 명령하는 유전자가 있어 DNA에 신호를 보내고, 이 DNA의 작용에 의해 물시계에서 물에 해당하는 시계단백질이 만들어집니다.

시간이 흐르면 이 시계단백질이 세포질에 축적되고 단백질 농도가 일정 수준을 넘어서면 짝을 이루면서 특별한 구조를 형성하며 핵 속으로 들어갑니다.

핵 속에 이 시계단백질의 양이 많아지면 다시 DNA를 자극, 시계를 작동하게 한 유전자 기능을 정지시켜 생체시계 한 주기가 끝나고 시간이 흘러 단백질 양이 감소하면 다시 시계유전자가 활동, 새로운 주기가 시작됩니다.

쑥쑥 원 플러스 원!

아기의 엉덩이가 파란 이유는?

아기 엉덩이의 파란 것은 멍이 든 것이 아닙니다.
바로 몽골반점입니다. 우리나라와 중국 등 동아시아인인
몽골인종에게서 볼 수 있기 때문에 몽골반점이라고 합니다.
몽골 인종은 멜라닌이라는 색소가 피부에 엷게 흩어져 있기
때문에 피부색이 누르스름합니다.
엉덩이가 푸른 것은 멜라닌 색소가 그 곳에 많이 모여 있기
때문입니다. 그러나 이 푸른 점은 점점 커가면서
없어지게 되고 어른이 되면 완전히 없어집니다.
백인 아기에게도 몽골반점이 있지만 멜라닌을
만드는 힘이 약해서 진해지지 않기 때문에
잘 보이지 않습니다.

배가 고프면 왜 꼬르륵 소리가 날까요?

위장 속에는 공기가 들어 있는데 배가 고플 때 음식을 생각하면 위장이 자극을 받아 꿈틀거리게 됩니다. 이때 그 속에 있던 공기도 움직이게 되는데 바로 그 소리가 꼬르륵 소리가 납니다. 부풀었던 기관들이 음식이 소화됨에 따라 수축하게 되는데, 빈 공간이 수축하면서 공기를 진동시켜 소리가 나는 것입니다. 실제로 음식물이 위로 들어가지 않았지만 조건반사로 인해 위가 저절로 활동을 시작하기 때문입니다.

음식과 관계된 시각이나 후각적 자극이 대뇌에 전달되면 대뇌는 위가 동작하도록 신호를 보냅니다.

이 신호에 의해 비어 있는 위가 운동을 하게 되고 그에 따라 빈 위에 모인 공기가 소장으로 빠져나가면서 소리를 내는 것입니다. 이처럼 '꼬르륵' 소리를 내는 것은 한편으로는 위장이 건강해서 정상적으로 활동하고 있다는 것을 보여 주는 증거입니다.

이와는 달리 장에서 '우르릉' 하는 소리가 날 때가 있는데, 이는 대장을 지나는 내용물에 가스가 섞여 있을 경우 이것이 연동운동으로 장을 지나면서 내는 소리입니다

쑥쑥 원 플러스 원!

라면이 꼬불꼬불한 이유는?

라면이 국수처럼 일직선이라면 유통 과정 중에 다 부숴지고 모양도 커져서 다루기 불편하기 때문에 잘 부숴지지 않고 다루기도 편하도록 면을 꼬불꼬불하게 만들었답니다. 라면을 꼬불꼬불하게 만드는 방법은 라면을 날라주는 컨테이너 벨트의 속도를 라면이 나오는 속도보다 느리게 함으로써 라면가닥이 위로 겹쳐 올라가도록 만드는 것입니다. 라면이 꼬불꼬불하면 그 사이의 공간으로 뜨거운 물이 들어가 라면 끓이는 시간을 보다 짧게 해주기도 합니다.

배가 부르면 왜 졸릴까요?

배부르게 밥을 먹고 난 후에는 누구나 졸음이 오는 것을 느끼게 됩니다. 바로 식곤증입니다. 식곤증이 생기는 이유는 위가 위 속으로 들어온 음식물을 잘게 부수기 위해 부지런히 운동을 하기 때문입니다.

우리 몸에는 체중의 8% 정도 되는 양의 피가 흐르고 있습니다. 이 피는 몸 전체에 흐르고 있긴 하지만 일을 많이 하는 곳에서는 더 많은 양의 피가 흐릅니다.

위가 운동을 활발히 하게 되면 많은 양의 피를 필요로 하기 때문에 피가 위로 모이게 됩니다. 그러면 자연히 머릿속에 흐르는 피의 양이 적어지고, 따라서 뇌의 활동이 둔해지면서 졸음이 오게 되는 것입니다. 우리가 밤에 잠을 자기 전에 생각을 많이 하면 잠이 잘 오지 않는 것도 이런 이유 때문입니다. 생각을 하기 위해서는 뇌가 활동을 활발히 하게 되면서, 많은 양의 피가 흐르게 되고 정신이 맑아지게 되는 것입니다.

쑥쑥 원 플러스 원!

머리를 부딪치면 혹이
생기는 이유는?

그 이유는 살갗 밑에 뼈가 있기 때문입니다. 머리에
단단한 것이 부딪히면 바로 그 밑에 뼈가 있어서 그 부분의
살갗이 쉽게 짓눌려 버리거나 터지게 됩니다. 이때 살갗이
터지지 않을 정도의 충격이라면 혹이 생기게 됩니다. 이것은
혈액의 액체 상태인 성분인 혈장이 모세혈관의 벽을 통해서
밖으로 스며 나와 짓눌린 살갗의 조직 밑에 고이기
때문입니다. 머리가 다른 부분에 비해 잘 찢어지는 이유도
충격을 흡수해 줄 살이 없이 곧바로 두개골과 맞닿아
있기 때문입니다. 혹은 머리뿐만 아니라, 머리처럼
바로 살갗 밑에 바로 뼈가 있는 손등이나
발등에도 생긴답니다.

배고픔은 위가 빌 때 느낄까요?

제때에 식사를 하지 않으면 사람들은 배고픔을 느낍니다. 그런데 위가 비어서 배고픔을 느끼는 것은 아닙니다. 배가 고프면 뱃속에서 쪼르륵 소리가 납니다. 비어 있는 위 안에 있는 공기가 위벽을 진동시키기 때문에 나는 소리입니다.

배고픔을 느끼는 것은 식사를 걸러서 위가 비었을 때라고 생각하기 쉽지만 꼭 그런 것만은 아닙니다. 그 증거로 격렬한 운동을 할 때나 공부나 일에 열중해 있을 때, 또는 입원 중에 단식하면서 링거로 영양을 보충할 때에는 아무것도 먹지 않아도 그다지 배고픔을 느끼지 않습니다.

배고픔을 느끼는 것은 혈액 속에 영양소가 용해되어 있는지 없는지를 뇌가 파악하고 판단한 결과입니다. 혈액 속에 영양소가 용해되어 있으면 뇌는 소화기관의 활동을 억제하고 그렇지 않으면 활동을 촉진시키므로 위가 심하게 움직여 쪼르륵 소리가 나는 것입니다. 그러나 이와 같은 상황에서도 다른 일에 열중하고 있으면 배고픔보다도 그쪽으로 뇌가 작용하므로 배고픔을 느끼지 않게 됩니다.

또 과식의 원인이 뇌에 있다는 사실도 밝혀졌습니다. 정상 체중의 사람과 과체중의 사람의 뇌에서 활성화되는 부위가 달랐습니다. 과체중인 사람은 정상 체중의 사람보다 '좌측 후방 편도'의 움직임이 떨어집니다. 또한 포만감을 유도하는 호르몬의 수치가 높을수록 뇌의 좌측 후방 편도 움직임이 활발하다는 사실도 밝혀졌습니다.

!!!
어, 그게 아니야?

음식을 천천히 먹어야 하는 이유는?

우리가 음식을 먹고 위가 거의 찼다는 것을 뇌가 알기 위해서는 약 20분이 걸립니다. 뇌가 포만감을 느끼기까지 20분이 걸리는데 그전에 계속 많은 양을 섭취하게 되어 과잉 섭취가 되게 됩니다. 또 음식을 빨리 먹을 때는 입안에서 덜 씹게 되기 때문에 위에 부담을 줍니다. 그러면 소화흡수가 더디게 되어 혈당상승이 천천히 일어나 이것 역시 포만중추의 자극을 늦게 만드는 원인이 됩니다. 살을 빼고 싶으면 음식을 천천히 먹는 습관을 들여야 합니다.

번개와 천둥은 왜 일어날까요?

52

우리는 가끔 시커먼 먹구름이 몰려와 소나기가 내리고 번개와 천둥이 치는 것을 경험합니다. 소나기와 함께 번개와 천둥을 일으키는 구름을 적란운이라고 하는데 지표면이 매우 가열되어 공기가 강하게 상승할 때 생깁니다. 적란운의 밑바닥은 거의 지면까지 닿아 있고 높이는 보통 6~8㎞까지 솟아 있습니다. 적란운은 대개 타원형인데 긴지름이 60㎞ 정도, 짧은지름이 40㎞ 정도이며 소나기가 내리는 곳은 지름 10㎞ 정도의 범위입니다.

적란운 속의 공기는 매우 심하게 상승 하강하는데 이때 구름 속의 물방울이나 얼음 알갱이도 상승 하강하면서 서도 부딪쳐 작은 알갱이로 분열됩니다. 분열된 물방울이나 얼음 알갱이는 전기를 띠는데 구름의 위쪽은 (+)전기를, 아래쪽은 (−)전기를 갖습니다. 전기를 띤 구름은 보통 1만 볼트 이상의 전압 차이를 가지며, 구름과 지면 사이에는 약 1억 볼트 이상의 전압 차이가 생깁니다.

　그러면 구름과 구름 사이, 또는 구름과 지면 사이에서 순간적으로 전류가 흐릅니다. 이것이 번개입니다. 또 순간 전류에 의해서 주위 공기가 급격히 팽창했다가 압축되면서 나는 소리가 천둥입니다. 한편 구름에서 지면으로 전류가 흐르는 것을 벼락이라 합니다. 규모가 큰 적란운에서는 5~10초 간격으로 번개가 일며 3~4회의 번개 중 한 번은 벼락이 됩니다.

♪♪ 쑥쑥 원 플러스 원!

별들이 서로 부딪치지 않는 이유는?

밤하늘에서는 수많은 별들이 빛나고 있습니다. 빼곡하게 차서 반짝이는 많은 별들을 보면 서로 부딪치지 않을까 하는 생각도 듭니다. 그러나 그것은 괜한 걱정입니다. 우주는 사람들이 생각하고 있는 것 이상으로 넓기 때문입니다. 육안으로 보이는 별은 대략 3천 개 정도이지만, 보이지 않는 별은 훨씬 더 많이 분포되어 있습니다. 그 수는 우리들이 있는 은하계만 하더라도 항성이 약 1천억 개 이상은 있다고 합니다.

53

번개 칠 때 차 안은 왜 안전할까요?

번개는 수백만 볼트의 큰 전압 때문에 공기를 뚫고 전하가 이동하는 현상입니다. 번개의 에너지는 엄청나서 큰 나무나 집들을 순식간에 태워 버리기도 합니다. 그런데 이런 무시무시한 번개가 자동차에 내리쳤을 때는 차 안에 있는 사람이 아무 피해도 입지 않는다고 합니다.

그 이유는 자동차가 도체인 금속으로 되어 있기 때문입니다. 외부 전기장이 얼마이든 도체 안은 항상 0입니다. 번개가 치는 것은 구름과 땅 사이에 큰 전압이 걸려서 그 사이로 전하가 이동하는 것입니다. 그런데 자동차에 전하가 쏟아져 들어오면 차표면 전체에 전자들이 퍼지게 됩니다. 전자들끼리는 서로 같은 극이므로 서로 밀어내는 힘이 작용하기 때문입니다.

서로 힘을 받으면서 전자들은 자유롭게 움직일 수 있는데, 이것은 차체가 금속과 같은 도체이기 때문에 가능한 것입니다. 도

체란 자유 전자가 많아서 전자들이 자유롭게 움직일 수 있는 구조를 가진 물체를 말합니다.

전자들 간에 작용하는 힘이 평형을 이룰 때까지 움직이는데, 이렇게 되면 도체 내부 어느 곳이든 전하가 있더라도 전혀 힘을 받지 않는 상태가 됩니다. 이른바 전기장이 0이 되는 것입니다. 자동차 내부가 전기장이 0이 되면 전기적인 힘이나 영향을 받지 않는 상태이므로 그 안에 있는 사람은 안전합니다.

쑥쑥 원 플러스 원!

비행기를 타면 귀가 먹먹해지는 이유는?

우리가 비행기를 타거나 높은 산, 또는 엘리베이터를 타고 올라가게 되면, 높은 곳은 대기압이 낮게 됩니다. 따라서 상대적으로 중이 안의 압력은 이관이 닫혀 있는 상태라면 대기압과 같은 상태이므로, 현재 낮아진 대기압과의 압력 차에 의해 귀가 먹먹해집니다. 이때는 침을 삼키거나 껌을 씹으면 한결 나아집니다.

54

병에 걸렸을 때 왜 밤에 더 아플까요?

상대적으로 인체의 면역력을 위주로 발생하는 질
환들의 경우 주로 오후·밤이 되면서 그 증세가 심해집니다. 그
이유는 아침 기상 후 활동이 시작되면서 인체의 면역력이 점차
로 상승하지만, 오후가 지나 하향 곡선을 타면서 약화되었던 병
세나 잠복되었던 바이러스와 병균들이 다시 활동을 시작하게 되
기 때문입니다.

특히 공기 등을 통해 외부에 직접적으로 노출이 잘 되는 코·
입 등은 그 증세가 더욱 가중됩니다. 면역력 저하뿐 아니라 점막
의 기능 역시 야간이 되면서 점차 대응정도가 약해지게 됩니다.
평소에는 일반적으로 생활하지만, 잠을 자고 나면 코가 건조하
고 목구멍이 따가운 것이 이러한 이유 때문입니다.

이러한 질환으로 대표적인 것이 폐렴이나 폐결핵·단순포진
등이라 할 수 있습니다. 입술에 생기는 물집의 경우, 힘든 일을

마치고 나서 자고 일어나면 입술 물집이 발생한 경우가 대부분입니다. 즉 임파선 등 면역계가 활동이 많은 주간에는 바이러스가 잠복해 있다가 면역기능이 떨어지는 야간이나 수면 중 순식간에 증식되면서 증세가 나타나는 것입니다.

면역계가 아직 미성숙한 아이들의 경우에는 이러한 경우가 어른들보다 더 많습니다. 같은 질병이라도 어른들은 야간이나 수면 중 면역력이 약해진 경우에도 견딜 수 있는 병원균이 많지만, 아이들의 경우에는 상대적으로 면역력이 떨어진 야간에는 그 증세가 심해집니다. 밤을 지나면서 점차 면역력이나 인체 반응이 살아나서 아침 무렵에는 호전되는 것입니다.

쑥쑥 원 플러스 원!

피곤하면 입안이 허는 이유는?

구내염은 피로 때문에 신체의 면역력이 떨어져
입 안에 생기는 작은 상처가 쉽게 낫지 않고
바이러스가 침투해 생깁니다. 또 비타민이 부족하면
입 안에 상처가 자주 발생하는데 이때도 쉽게 낫지
않습니다. 바이러스성 질환이라 잘 듣는 약이 없기
때문에 입안이 헐면 충분한 휴식을 취하고
비타민을 섭취하는 것이 좋습니다.

55

병원·비행기 안에서는 왜 휴대전화를 쓰면 안 될까요?

휴대폰 송·수신을 할 때 발생하는 전자파 때문입니다. 그러므로 특히 중환자 대기실에서는 진동으로 해놓는 것도 안 됩니다. 전원을 완전히 꺼놓아야 됩니다.

이유는 휴대폰에서 발생하는 전자파와 전화를 걸거나 받을 때 사용되는 전파가 환자들의 생명유지 장치 같은 정밀 의료기기에 오작동을 일으키게 하기 때문입니다.

확률로 보자면 정말 몇만 번에 한 건 일어날지 모를 일이지만 만일 그런 일이 생긴다면 환자의 생명과 직결될 수 있기 때문에 사용을 금지하는 것입니다.

비슷한 경우로 항공기에서도 휴대전화를 금지하고 있습니다.

항공기 계기에 휴대폰의 전자파가 원인이 되어 오작동을 일으키는 경우가 있다고 합니다. 문자 역시 휴대폰을 사용하는 것이니 당연히 전파가 나오고 문제가 될 수 있으니 사용하시면 안 됩니다.

쑥쑥 원 플러스 원!

부끄러우면 얼굴이 빨개지는
이유는?

실핏줄(모세혈관)은 심장 박동에 의해 밀려 나온
혈액을 온몸으로 보내는 동맥과 몸의 각 부분에서 혈액을
모아 심장으로 보내는 정맥을 연결해 줍니다.
그물 모양으로 생겼는데 피의 흐름을 조절하는 신경이 있
어서 부끄럽거나 화가 나면 이 신경이 자극을 받아 핏줄이
굵어집니다. 그러면 피가 많아져서 얼굴이 빨개져 보이는
것입니다. 반대로 놀라거나 겁이 나서 질리게 되면
얼굴이 파래집니다. 순간적으로 혈관이 좁아지면서
체온이 떨어지면 얼굴 피부 아래의 혈액이
잘 흐르지 않아서 하얘지거나
파래진답니다.

56

부메랑은 어떻게 되돌아올까요?

부메랑이라는 이름은 오스트레일리아의 한 원주민 부족이 자신들의 이름을 따서 붙인 것입니다. 이 원주민들은 약 1만 년 전부터 사냥과 전쟁에서 부메랑을 사용해 왔습니다. 이때 사용한 부메랑은 던진 곳으로 다시 돌아오지 않았습니다. 부메랑이 돌아오는 것인지 아닌지를 모양만 보고 알 수는 없습니다. 던져봐야 확실히 알 수 있습니다. 또 돌아오는 부메랑도 올바로 던지지 않으면 돌아오지 않습니다.

부메랑은 보통 오른손으로 던지도록 만들어집니다. 왼손잡이용 부메랑은 따로 있습니다. 오른손잡이용과 전체의 모양이 거울면 대칭이 되도록 만들면 됩니다. 오른손잡이용 부메랑은 던졌을 때 오목한 부분에서 보면 반 시계 방향으로 회전합니다.

부메랑을 던지면 8자나 S자 모양을 그리며 돌아오지만 달팽이와 같은 나선형을 그릴 때도 있습니다. 이것은 부메랑의 날개가 진행면에 대해 얼마나 꺾여 있는가에 따라 다릅니다. 많이 꺾여 있을수록 나선형을 그리기 쉽습니다.

부메랑의 날개는 윗면이 약간 둥글고 아랫면이 편평해야 합니다. 이렇게 해야 비행기가 뜨는 원리와 마찬가지로 날개 위쪽으로 양력(뜨게 하는 힘)이 생깁니다. 양력은 공기 흐름의 속도가 날개 위와 아래가 다르기 때문에 생깁니다. 만약 부메랑을 진공 상태에서 던진다면 돌아오지도 않고 포물선을 그리며 떨어질 것입니다. 양력은 부메랑이 나는 동안 계속 영향을 미칩니다.

수직으로 던져졌던 부메랑이 기울면서 수평회전을 하다가 더 기울면 전진하던 방향을 바꾸어 원래의 던져진 쪽으로 되돌아옵니다. 즉 부메랑이 던진 곳으로 되돌아오는 이유는 부메랑을 관통하는 수평 회전축이 팽이축처럼 돌기 때문입니다.

쑥쑥 원 플러스 원!

양파를 까면
눈물이 나오는 이유는?

프로페닐스르펜산이라는 성분 때문입니다. 평소는 분리되어 있다가, 썰거나 다질 때 합성되어 최루성 물질이 된다고 합니다. 물에 담갔다가 쓰시거나 냉장고에 보관하셨다가 사용하시면 훨씬 덜합니다.

블랙홀은 무엇일까요?

아인슈타인의 일반상대성이론에서 예측된 천체로 별이 폭발할 때 일으킨 엄청난 수축으로 밀도가 매우 증가하여 중력이 굉장히 커진 천체를 말합니다. 이때의 중력을 벗어날 때 필요한 탈출속력은 빛의 속력보다 커서 빛도 빠져나오지 못합니다. 반면 우주가 대폭발로 창조될 때 물질이 덩어리로 뭉쳐서 블랙홀이 무수히 생겼다는 설도 있습니다.

'검은 구멍'이라고도 불리는 블랙홀은 '직접 관측할 수 없는 암흑의 공간'이라는 뜻에서 블랙홀이라 부르게 되었습니다. 강력한 인력은 둘레에 있는 별들과 여러 가지 물질을 끌어당겨서, 주변을 거대하고 평평한 타이어 모양으로 만듭니다.

블랙홀이 만들어지는 이유에 대해서는 대체로 두 가지 주장이 있습니다. 첫째는 태양보다 훨씬 무거운 별이 진화의 마지막 단계에서 강력한 수축으로 생긴다는 것입니다. 둘째는 우주가 대폭발(빅뱅)로 창조될 때 물질이 크고 작은 덩어리로 뭉쳐서 블랙홀이 무수히 생겨났다는 것입니다.

보통 태양과 비슷한 질량을 가진 별은 진화의 마지막 단계에 이르면 백색왜성이라는 작고 밝은 흰색 천체가 되어 그 일생을 마치게 됩니다. 그러나 태양 질량의 몇 배가 넘는 별들은 폭발을 일으키며 초신성이 됩니다. 이때 바깥층의 물질은 우주공간으로 날아가고, 중심부의 물질은 반대로 내부를 향해 짜부라져 중성자별이 됩니다. 이러한 중성자별은 그것에서 나오는 맥박치듯 규칙적으로 움직이는 전파인 펄서가 발견되어 그 존재가 확인되었습니다. 블랙홀은 아주 강력한 중력을 가지고 있기 때문에 빛을 포함하여 근처에 있는 모든 물질을 흡수해 버립니다. 그래서 블랙홀의 내부는 외부와 전혀 연결되지 않은 하나의 독립된 세계를 이루게 됩니다.

숙숙 원 플러스 원!

만일 지구만한
천체가 블랙홀이 된다면?

그 반지름은 0.9cm에 이를 것이고, 태양은 그 반지름이
2.5km보다 작아집니다. 실제로 블랙홀이 될 수 있는,
질량이 태양의 10배 이상인 별은 그 반지름이
수십 km밖에 안 되고, 반대로 중력은 지구의
100억 배 이상이 됩니다.

58

비 온 뒤에는 왜 지렁이가 많이 보일까요?

땅속에 굴을 파고 사는 지렁이는 밤에는 굴 밖을 나와 먹이를 찾거나 번식을 위하여 배우자를 찾는 활동을 합니다. 그러나 장마철과 같은 계절에는 비가 많이 와서 지렁이 굴에 비나 지하수가 스며들게 됩니다.

지렁이는 체표면의 피부를 통하여 호흡을 하는데 비가 와서 굴에 물이 들어오면 지렁이는 공기를 얻기 어려워지게 되고 시간이 경과할수록 공기 중의 산소를 소비하게 됩니다. 결국에는 유입되는 물속에 녹아 있는 산소까지 소비하게 되면 지렁이는 호흡을 위하여 지상으로 나오게 됩니다.

이와는 다른 이유로 지렁이가 굴 밖을 나오는 경우도 있는데 이때는 빗물이나 지하수가 지렁이 굴에 유입하지 않아도 지렁이가 나오게 됩니다. 즉 날씨가 흐리고 습기가 충분하여 지렁이가 지상에 나와서 활동해도 피부호흡이나 이동에 지장을 받지 않는 경우에는 지렁이가 나오는 경우가 있습니다.

따라서 지렁이는 낮에도 지상에서 활동할 수 있는데 이러한 경우는 흔히 비가 많이 온 후 흐린 날입니다.

그러나 이와 같이 비가 온 후 흐린 날, 별안간 햇볕이 나는 경우에는 지렁이가 미처 피하기도 전에 체표면의 수분이 증발하여 지렁이가 마르게 되어 이동과 호흡을 할 수 없어 지렁이가 도로나 길거리에서 죽는 경우를 볼 수 있습니다.

쑥쑥 원 플러스 원!

지렁이가 많으면 왜 좋은 땅이 될까요?

지렁이는 유기물을 먹고 영양분이 풍부한 흙으로 만든답니다. 지렁이가 많으면 많을수록 그 땅은 유기물들이 많은 좋은 흙으로 바뀌게 되지요. 그리고 지렁이가 땅속으로 다니면서 많은 구멍들을 뚫어놓게 되는데, 이 구멍으로 공기가 솔솔 통해서 식물들이 뿌리로 호흡을 하는 데 많은 도움을 준답니다. 식물들은 잎으로도 호흡을 하지만 뿌리로도 한답니다.

비행기는 하늘에서 어떻게 길을 찾을까요?

하늘에도 땅위와 같이 도로명과 도로번호가 있습니다. 이것을 항공로 · 항로명이라고 합니다. 우리가 서울에서 제주도를 갈 때, 무조건 김포에서 이륙해서 남쪽으로 가지 않습니다. 지정된 항공로를 따라 비행기들이 가도록 되어 있습니다.

인공위성을 통해 전세계 어디든지 정확한 그 지점의 좌표를 알수가 있습니다. 그러나 그 좌표만 보고서는 정확히 어디인지 감이 오지 않을 수도 있습니다. 또한 인접지역과의 거리 좌표가 비슷하기 때문에 혼동스러울 수 있습니다.

그것을 막기 위해서 고유한 이름을 정해 놓는 것입니다. 대부분 그 지역의 특산물이나 기억하기 좋은 것을 이용하여 이름을 짓습니다. 오렌지 특산지일 경우에는 '오렌지' 라고 정하고, 해변이 아름다우면 '비치' 라고 정합니다. 그러면 전세계적에서 금방 인식이 되는 고유한 위치가 됩니다.

가고자 하는 지역을 '오렌지'라고 입력하면 GPS라는 첨단장비가 정확한 좌표로 알려줍니다. 이런 좌표명을 웨이포인트(Waypoint)라고 하는데, 전세계 각 장소가 다 다르게 표시되어 있습니다. 이 웨이포인트끼리 연결한 것을 항로하고 하고, 이 길의 이름을 정한 것이 바로 항로명입니다.

쑥쑥 원 플러스 원!

비행기 꽁무니의
하얀 줄은 무엇일까요?

비행기가 하늘을 날 때는 엔진에서 배기가스가
나옵니다. 배기가스 속에는 아주 작은 수증기 방울이
들어 있는데 그 수증기에 비행기가 날 때 마구 뒤섞여
있던 주위의 다른 수증기가 모여 물방울이 됩니다.
이것을 비행기구름이라 하는데, 지상에서 보면 하얀 줄로
보이는 것입니다. 비행기구름이 만들어지는 높이는
8천m 이상, 온도는 영하 38도 정도라고 합니다.
이 구름은 매우 불안정하여 금방
사라집니다.

빙산도 바닷물처럼 맛이 짤까요?

거대한 빙하의 두께는 100m가 넘을 정도로 엄청납니다. 그러나 처음에 얼기 시작했을 때는 작은 눈과 같은 얼음 결정으로 시작됩니다. 이 결정은 모래알처럼 아주 작고 염분은 포함하고 있지 않습니다.

바닷물 1kg 중 녹아 있는 염분은 35g 정도이지만 바닷물이 얼게 되었을 때 얼음이 되는 것은 물뿐입니다. 이런 얼음의 결정이 해면을 다 메우면 서로 달라붙어 얇은 판이 되고 이 판 밑으로 가느다란 결정이 붙어 가면서 두께는 더하게 되는 것입니다.

처음에 생긴 이 얇은 얼음은 전혀 짜지 않습니다. 하지만 두껍게 얼어 가면서 조금씩 짠맛을 가지게 됩니다. 이것은 얼음이 두꺼워질 때 아래로 뻗어가던 결정이 서로 붙으면서 바닷물이 그대로 결정 사이에 갇히기 때문입니다.

언 지 얼마 되지 않은 얼음은 오랫동안 바다를 떠돌아다닌 얼음보다 짠데, 그 이유는 유빙이 오래 떠도는 사이에 갇혀 있던 바닷물이 빠져 나가기 때문입니다. 이때의 염분은 1kg 당 6~7g 정도입니다. 따라서 극지방의 빙하는 대체로 짜지 않다고 할 수 있습니다.

쑥쑥 원 플러스 원!

남극과 북극 중
어느 곳이 더 추울까?

남극의 내륙 지역은 겨울철에 −70℃ ~ −40℃, 여름에는 −35℃ ~ −20℃입니다. 북극은 저위도의 육지가 바다를 둘러싸 좁은 해역을 통과한 물이 모여드는 반면, 남극 대륙은 남극 순환류를 통과하며 차가워진 물이 대륙을 둘러싸서 바다의 대순환에 의한 열 공급을 북극보다 덜 받습니다. 또 남극점에 가까워질수록 내륙으로 들어가기 때문에 해류에 의한 열의 이동이 차단되고, 지형적 특징상 지표에서 반사된 에너지를 공기가 잘 흡수하지 못해 기온이 더욱 낮아집니다.

사람이 늙으면 왜 주름이 생길까요?

아이들의 얼굴은 뽀얗고 팽팽하지만 나이를 먹으면 여러 가지 요인에 의해 피부에 주름이 생깁니다. 일반적으로 20대에 접어들면서 주름이 나타나기 시작합니다. 우리 몸은 이 무렵부터 노화가 시작되어 얼굴 모양·피부 상태도 변화하게 됩니다.

다시 말하자면 늙어 감에 따라 이가 빠지고 잇몸 뼈의 흡수 현상이 일어나, 얼굴 길이가 짧아지면서 상대적으로 얼굴은 넓어 보이고 눈 부위는 푹 꺼지게 됩니다. 이로 인해 눈 밑에 주름이 지고 볼 살이 처져 어른들의 입 주변에는 팔(八)자 주름이 나타나게 됩니다.

또 태양의 자외선이나 어른들의 담배 연기에 반복적으로 노출되는 것도 주름·기미·주근깨·검버섯 등의 원인이 됩니다. 담배의 니코틴에 의해 콜라겐이라는 피부 단백질이 파괴되고, 자외선도 피부를 탱탱하게 잡아당겨 주는 엘라스틴이라는 단백질을 파괴하기 때문에 피부의 탄력이 떨어지고 주름이 생기는 것입니다.

마지막으로 인간은 서서 걸어다니기 때문에, 지구 중심 방향으로 끌어들이는 힘인 중력의 영향을 받습니다. 따라서 그 힘을 받치던 팽팽한 피부가 세월이 흐를수록 처지고 늘어지게 되는 것입니다.

쑥쑥 원 플러스 원!

우리 몸에서 주름이 가장 많은 곳은?

바로 입술입니다. 마찬가지로 입은 음식을 먹고 말하며 숨쉬는 등 쉴 새 없이 움직이기 때문에, 입의 바깥 부분인 입술도 많은 일을 하게 됩니다. 따라서 입의 움직임을 편하게 하기 위해서 입술의 주름이 가장 많은 것입니다. 만약 입술에 주름이 없다면 우리는 하품도 제대로 할 수 없을 것입니다.

얼굴에 유난히 주름이 많은 이유는 피부의 두께가 다른 부위의 피부보다 얇기 때문입니다. 특히 눈 주위에 주름이 잘 생기는 이유는 눈 주위 피부가 우리 몸의 피부 중에서 가장 얇기 때문입니다. 또한 우리가 여러 가지 표정을 지을 때마다 눈 주위를 움직이게 되므로, 표정에 의해서도 주름이 잘 생깁니다.

사우나실 안은 뜨거운데 왜 화상을 입지 않을까요?

사람은 온도 조절 능력이 뛰어난 정온 동물입니다. 사람은 몸보다 주변의 온도가 높으면 땀을 흘려 그것을 증발시킴으로써 체온을 정상으로 낮춥니다.

또 사람의 몸은 70% 이상이 물로 이루어져 있어 온도가 쉽게 올라가지 않기 때문에 어느 정도의 고온 증기에서는 견딜 수 있습니다.

또한 공기는 다른 물체, 즉 금속이나 물보다도 열을 전달하는 속도가 느리기 때문에 사우나 안의 사람 피부에 와 닿는 온도는 실제 온도보다도 낮습니다.

또한 뜨거운 물속에서는 많은 물분자가 피부를 때리지만 물이 수증기로 되면 부피가 1,800배 정도 증가하므로 피부를 때리는 물분자의 개수는 1,800분의 1로 줄어 들게 됩니다.

이러한 여러 가지 이유가 복합적으로 작용하여 뜨거운 것이 직접 몸에 닿았을 때는 화상을 입어도, 사우나 안에서는 화상을 입지 않는 것입니다.

쑥쑥 원 플러스 원!

목욕탕에서 나오면 어지러운 이유는?

목욕탕 속에 오래 있으면 따뜻한 물에 잠긴 신체의 혈액 순환이 활발해집니다. 이어 몸 안의 피가 물에 잠긴 신체 부위 쪽으로 쏠리게 됩니다. 반면 물 밖에 있는 머리 쪽은 혈액 순환이 상대적으로 덜 이루어져 피도 적게 흐릅니다. 이 같은 혈액 순환의 차이로 탕 속에 오래 있다 나오면 순간적으로 현기증을 느끼게 됩니다.

4차원이란 무엇일까요?

    텔레비전의 오락프로에서 엉뚱한 말이나 행동을 하는 사람에게 놀림조로 '4차원'이라는 말을 하는 것을 본 적이 있을 것입니다.

0차원은 수학에서 말하는 '점'입니다. 점은 아시다시피 크기가 존재하지 않으므로 만일 점 안에 어떤 존재가 살고 있다면 점은 크기가 없으므로 그 존재는 꼼짝할 수 없는 상태가 되고 이를 0차원이라고 합니다.

1차원은 '선'입니다. 선은 폭이 없고 '앞·뒤'라는 한 축만 존재하므로 1차원이라고 합니다. 만일 1차원의 선 안에 점으로 된 인간이 살고 있다면 앞으로 걸어가든지 뒤로 걸어가든지 외에는 움직일 수 없습니다.

2차원은 '평면'입니다. 평면에서는 '앞·뒤'와 '좌·우'로 움직일 수 있습니다. '앞·뒤'와 '좌·우'의 두 축으로 이루어집니다.

만일 2차원의 평면 안에 인간이 살고 있다면 앞 · 뒤 · ‘좌 · 우’ 로 자유자재로 움직일 수는 있으나 공중으로는 움직일 수 없습니다.

3차원은 ‘공간’ 입니다. 공간에서는 ‘앞 · 뒤’ · ‘좌 · 우’ · ‘상 · 하’ 이렇게 세 축이 모두 존재하므로 3차원입니다. 그러므로 앞 · 뒤’ · ‘좌 · 우’ 에다 ‘상 · 하’ 로도 움직일 수 있습니다.

4차원은 3차원의 공간에 1차원인 시간의 축이 추가된 것입니다. 즉 3차원은 ‘앞 · 뒤’ · ‘좌 · 우’ · ‘상 · 하’ 세 축으로 이루어져 있는데 이 세 축에 바로 1차원인 시간축을 설정한 것입니다. 그래서 4차원을 다른 말로 ‘시공간’ 이라고 합니다. 시간이 1차원인 이유는, 시간은 오로지 ‘과거’ 와 ‘미래’ 라는, ‘앞 · 뒤’ 의 한 축으로만 되어 있기 때문입니다.

쑥쑥 원 플러스 원!

불가능한 5차원의 세계는?

이론적으로만 가능한 세계입니다. 아인슈타인 박사는 상대성 이론에서 우리가 살고 있는 이 세계가 바로 4차원 시공간이라고 했습니다. 5차원 이상의 세계는 다만 이론적으로 설정될 뿐입니다. 상대성 이론에서, 이 세상에서 불변하는 절대적인 것은 빛의 속도뿐이고, 빛의 속도를 뛰어넘는 것은 자연법칙상 불가능하다고 했기 때문에 빛의 속도를 뛰어넘는 세계가 바로 5차원일 것입니다.

64

새싹은 왜 봄에 싹을 틔울까요?

식물들은 오랜 시간 동안을 스스로 환경에 적응시켜 왔습니다. 가을에 싹이 나게 되면 바로 겨울이 와서 아직 연약한 싹이 죽을 수밖에 없지요. 겨울이 지난 다음에 싹을 틔워야 좋은 환경에서 잘 살 수 있다는 지혜를 알아낸 것입니다.

가을에 휴면상태에 든 씨들을 깨워서 싹을 내려면 겨울이 온 줄 알도록 냉장고에서 씨앗을 꽁꽁 얼렸다가 다시 녹여 습기를 유지해 주면, 겨울이 지난 줄 알고 씨앗이 하나둘 싹을 내기 시작합니다.

식물들은 땅이 얼어 있는 겨울에는 자라는 것을 멈춥니다. 따뜻한 봄에서 서늘한 가을까지만 활동을 하는 것입니다. 봄에 싹을 내서 가을까지 열심히 광합성을 함으로써 겨울을 잘 이겨낼 수 있도록 준비합니다.

그러나 추위에 강한 식물도 있습니다. 여름이나 가을에 싹이

나서 겨울이라도 뿌리가 얼어 죽지 않고 버티는데, 그런 식물들은 미리 싹을 냅니다. 그렇게 되면 겨울을 지내고 남들이 이제 싹을 내야 할 때에 이미 먼저 뿌리를 내릴 수 있기 때문에 생존 경쟁에 있어서 유리한 위치를 차지하는 것입니다.

대부분의 식물들이 봄에 푸른 싹을 내는 것은 땅이 녹아 있는 동안에 가능한 한 긴 시간을 갖기 위해서입니다.

쑥쑥 원 플러스 원!

참외 꼭지나 오이 꼭지가 쓴 이유는?

오이가 쓴맛을 내는 이유는 쿠르비타신이라는 성분 때문입니다.
오이의 꼭지 부분은 쓴맛을 내는 경우가 있는데 이는 쿠르비타신이라는 성분 때문이며 이 성분은 항암 효과가 있는 반면 설사를 일으키기도 하는 병 주고 약 주는 작용을 합니다.

65

생선에 왜 레몬즙을 뿌릴까요?

생선살은 단백질로 이루어져 있고, 레몬즙은 산성을 띠고 있습니다. 보통 생선을 날로 먹는 회의 경우에 레몬즙을 뿌리게 됩니다.

그 이유는 단백질은 산성을 만나면 응고되는 성질이 있기 때문입니다. 단백질은 열을 가해 익히거나, 응고가 되는 효소를 가한다거나, 산이나 알칼리를 만나는 경우에 단단하게 응고됩니다. 우유로 치즈를 만들 때도 응고시키는 효소를 사용하고 있습니다. 레닌이라는 단백질 응고 효소를 우유에 넣어서, 우유의 단백질인 카제인을 응고시켜 치즈를 만드는 것입니다.

생선에 레몬즙을 뿌리면 생선살이 단단하고 탄력 있게 변합니다. 부드러운 살이 더욱더 쫄깃하고 씹는 맛이 좋게 만들어줍니다. 맛있는 회의 맛을 느끼게 해 주면서 비린내도 없애주어 생선회의 맛을 한층 높여주기 때문에 생선회에 레몬을 뿌려주는 것입니다.

초콜릿을 먹으면 힘이 나는 이유는?

초콜릿에 있는 당분 성분이 다른 음식보다는 흡수가 더 빠르기 때문에 그만큼 에너지로 전환하기가 쉽기 때문입니다. 우리가 보통 밥을 먹으면 녹말 형태로 들어와서 소화의 과정을 오래 거쳐야 합니다. 하지만 당의 형태로 들어오면 보다 빨리 흡수가 됩니다. 그래서 초콜릿을 먹으면 바로 힘이 난답니다.

성장판이란 무엇일까요?

성장판이란 모든 뼈끝에 위치하며 뼈가 자라 키를 크게 하는 장소를 말합니다. 보통 성장판은 남자의 경우 만 16세(수염이 나거나 변성기가 시작된 후 2년 정도인 고등학교 1, 2학년), 여자의 경우 만 14세(여자아이가 초경을 시작하고 약 2년 정도가 지난 중학교 2, 3학년) 정도가 되면 닫힙니다. 따라서 치료가 가능한 시기는 성장판이 닫히기 전입니다.

뇌 바로 밑에는 여러 호르몬이 분비되는 샘물인 뇌하수체가 있습니다. 이곳에서 키를 자라게 하는 '성장호르몬'이 나오는데 이 호르몬이 가장 많이 분비되는 시간은 자정부터 새벽 2시 사이입니다. 하지만 이때 잠을 자지 않고 깨어 있으면 호르몬의 양이 많이 줄어들게 됩니다. 특히 뇌가 긴장해 흥분상태가 지속되는 게임을 하고 있으면 다른 호르몬들이 나오느라 성장호르몬은 거의 나오지 않습니다.

성장판의 상태를 보면 앞으로 키가 얼마나 더 자랄 수 있을지를 짐작할 수가 있습니다. 성장판은 엑스레이를 찍으면 어느 정도 닫혀 있는지 알 수 있습니다. 일단 성장판이 닫혀 버린 후에는 그 어떤 성장치료를 받아도 효과가 없습니다.

쑥쑥 원 플러스 원!

키가 쑥쑥 잘 자라게 하는 비결은?

먼저 편식하는 습관부터 고쳐야 합니다. 콩나물이나 우유를 많이 먹는다고 키가 크지는 않습니다. 모든 영양소를 골고루 섭취해야 하기 때문에 칼슘이나 단백질은 물론 지방 같은 영양소도 먹어야 합니다. 콜라나 커피에 들어 있는 카페인은 뼈를 자라게 하는 칼슘과 철분의 흡수를 방해하기 때문에 많이 먹으면 해롭습니다. 콜라에는 인산이라는 물질이 있어 칼슘의 흡수를 방해할 뿐만 아니라 소변으로 칼슘을 배출하게 만들기 때문에 더욱 뼈에 좋지 않습니다. 운동은 근육이나 척추에 심한 무리를 주지 않는 운동이라면 대부분 키가 자라는 데 도움이 됩니다. 조금 숨차고 땀나는 운동이 좋고, 또 다리의 근육을 늘려주는 스트레칭 체조도 좋습니다.

소금은 사람에게 왜 꼭 필요할까요?

소금이 동물에게 필수 불가결한 것은 체내의 삼투압 유지라는 중요한 기능을 하기 때문입니다.

보통 건강한 사람의 혈액 속에는 0.9% 정도의 염분이 함유되어 있는데 이것이 분리되어 생긴 나트륨은 혈액이나 체액의 알칼리성을 유지하거나 인산과 결합하여 체액의 산과 알칼리 평형을 유지시키는 완충물질로 작용합니다.

또 나트륨은 담즙이나 췌액·장액 등 알칼리성의 소화액 성분이 되어 우리의 식욕에도 관계합니다. 그런가 하면 체내에서 항상 칼륨과 균형을 유지하고 있기 때문에, 만일 이 균형이 깨지면 생명에까지 영향을 주게 됩니다. 또한 염소도 위산을 만드는 재료로서 나트륨과 마찬가지로 중요합니다.

따라서 우리 몸에서 염분이 부족하게 되면 소화액의 분비가 적어져서 식욕이 감퇴하고 현기증이 일어나거나 무력해지며, 장기간에 걸쳐 모자라는 경우, 권태 피로 또는 정신불안 등의 증세가 나타나 건강한 생활을 영위할 수 없게 됩니다. 물론 어느 경우에나 마찬가지지만, 소금도 과잉 섭취를 하게 되면 염분 농도가 증가하여 고혈압의 원인이 되기도 하고 위에도 좋지 않은 결과를 초래합니다. 그래서 짠 음식을 너무 많이 먹지 말라고 하는 것입니다. 성인의 경우 하루 필요량은 약 10g 정도입니다.

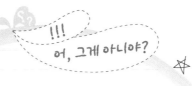

시금치는 '철분의 왕' 이다?

아닙니다. 시금치의 영양소 분석을 하는 도중,
그만 철분의 함량을 표기하는 과정에서 소수점 하나를
잘못 찍어, 시금치의 철분 함량을 10배나 많게 잘못 기록해
버렸던 것입니다. 수치에 오류가 있다는 점이 드러나, 시금치의
철분 함량은 다시 옳게 바로잡혔습니다. 하지만 시금치는
철분 대신에 '엽산' 이라는 성분의 함량이 매우 높답니다.
엽산은 우리 몸의 체력을 전반적으로 증진시켜주는
철분만큼이나 아주 중요한 영양소입니다.

소름에 끼치면 왜 닭살이 돋을까요?

추울 때 닭살이 돋는 이유는 우리 몸의 보온을 위해 서 그런 것입니다.

날씨가 추워지면 몸은 체온을 유지하려고 하는데, 이때 우리 몸의 털들은 몸의 온기가 빠져나가지 못하도록 곤두서게 됩니다. 이때 털뿌리 부분의 근육이 수축하면서 닭살이 돋게 되는 것입니다. 이렇게 털뿌리 부분의 근육이 수축하게 되면 피부에는 마치 닭살처럼 작은 혹들이 생기게 되는데 그 모양이 마치 닭살처럼 보이기 때문에 '닭살 돋았다' 라고 표현하는 것입니다.

뇌의 시상하부가 추운 것을 인지하고 피부 근처의 혈관을 닫은 뒤 근육을 수축시키기 때문에 닭살이 돋는 것이지요.

무서울 때 닭살이 돋는 이유는, 시상하부가 추위를 감지한다기보다 뇌의 명령이 없이 자율신경계가 작용하여 자신도 모르게 돋는 것이라고 합니다. 정말 우리의 몸은 정말 신기합니다.

쑥쑥 원 플러스 원!

심장은 하루에 얼마나
펌프질을 할까?

심장은 평소 기준으로 1분에 약 5,000CC(5 리터)의
혈액을 펌프질합니다.
1시간에는 약 300 리터가 되고,
하루에는 7,200 리터 정도가 됩니다.
심장 박동은 1분에 성인 평균 80회입니다.
1 시간에 4,800회이고,
하루에 115,200회 정도가 됩니다.

숲에 가면 왜 기분이 상쾌해질까요?

울창한 숲속에서 휴양을 하는 것이 스트레스 해소뿐만 아니라 건강증진에도 좋다는 것은 널리 알려진 사실입니다.

삼림욕이 이렇게 좋은 이유는 바로 나무가 스스로 내뿜는 방향성 물질인 피톤치드 때문입니다. 피톤치드에 함유되어 있는 테르펜이라는 항균물질이 체내에 흡입되면 심폐기능이 강화되고 항균·이뇨·거담 등의 효과가 있습니다. 삼림욕은 체내에 마이너스 이온을 증가시켜 핏속의 칼슘과 나트륨을 정화시켜주고 혈액을 맑게 하는 기능도 갖고 있습니다.

삼림욕은 나무의 생장이 가장 왕성한 5~9월이 적기로 하루 중 오전 10시~12시 사이에 피톤치드 배출량이 가장 많습니다. 피톤치드는 활엽수보다는 침엽수(소나무·잣나무·전나무·낙엽송·구상나무·비자나무·주목·히말라야시다·메타세콰이어·은행나무)에서 많이 나오므로 잣나무·소나무·삼나무 등의 숲이 좋습니다.

삼림욕을 즐길 때는 호흡뿐만 아니라 피부접촉도 용이하게 가능하면 가벼운 옷차림을 하는 것이 좋습니다. 피톤치드는 바람이 불면 날아가고 날씨가 흐리면 발생량이 줄어듭니다. 따라서 맑은 날 바람이 없는 산중턱이 가장 적당합니다.

쑥쑥 원 플러스 원!

아침에 목소리가 잠기는 이유는?

우리 몸은 자는 동안에도 계속 호흡을 하는데 먼지가 많으면 호흡기는 탁한 공기를 걸러내기 위해 체액을 분비하므로 코가 막히거나 목이 붓는 현상이 일어납니다. 또 수면 중 근육이 이완되면서 발성에 관계된 근육들도 한참동안 제 기능을 발휘하지 못합니다. 이런 이유들이 합쳐져 목소리가 잠기게 되는 것입니다.

스모그 현상은 왜 해로울까요?

스모그는 연기(smoke)와 안개(fog)를 합친 말로 원래는 안개와 연기가 섞인 것, 또는 안개가 연기로 더럽혀진 것을 말합니다. 그러나 지금은 안개에 관계없이 대기오염에 의해 도시의 공기가 더럽혀져서 눈앞이 잘 보이지 않는 현상이 발생한 상태를 말합니다. 자동차가 많은 대도시에서는 배기가스가 태양광선의 작용으로 광화학반응을 일으켜 유독가스의 농도가 높아지는데, 이는 사람의 눈에 매우 해롭습니다.

인체에 주는 피해도 큰데, 배기가스 속의 탄화수소와 질소산화물이 자외선을 받아 광화학반응을 일으켜 미세한 먼지가 되고, 여기에 옥시던트(산화제) 등과 같은 다른 광화학적 생성물질이 용해·흡착되어 이루어진 것입니다. 한낮에도 시야가 나쁘고 눈이나 호흡기 질환을 일으켜, 심할 경우 생명에 위협을 주기도 합니다. 이 현상은 보통 자외선이 강한 맑은 날에 발생하지만, 곳에 따라서는 흐린 날이나 밤에도 발생하는 일이 있습니다. 그 원인 물질은 옥시던트 · 아크롤레인 · 질산메틸 등으로 알려져 있습니다. 대기가 심하게 오염되면 눈이나 목에 자극이 오지만, 경련이나 의식불명이 되는 수도 있습니다.

쑥쑥 원 플러스 원!

화재경보기는 불이 난 것을 어떻게 알까?

화재경보기에는 센서가 달려 있습니다. 예를 들어,
라이터에 불을 붙여서 갖다 대면 경보음이 울립니다.
마찬가지로 많은 연기를 갖다 대도 경보음이 울립니다.
꼭 불이 나지 않더라도 그런 환경이 되면 경보가
울리게 됩니다.

시티(CT) 촬영이란 무엇일까요?

병원에서 흔히 사용하는 장비 중에 CT 촬영이라는 것이 있습니다. CT 촬영은 X선 촬영보다 더 뛰어난 첨단 의료 기술로서 1973년 영국에서 개발되었습니다. CT(컴퓨터 단층 촬영 장치)는 X선을 여러 각도로 인체에 쪼인 뒤 이것을 컴퓨터로 재구성하고 화상화한 것입니다. 종래의 X선 촬영과는 달리 뼈·액체 성분·공기 등을 자세히 표시할 수 있어서, 뇌졸중·뇌종양 같은 질병을 진단하는 데 큰 도움이 되고 있습니다.

X선은 매우 강한 전자기파이기 때문에 너무 많이 쪼이면 인체에 해를 줄 수도 있는데, 이에 비해 인체에 해를 주지 않는 새로운 단층 촬영법인 NMR이라고 하는 핵자기 공명 사진이 있습니다. NMR은 신체의 각 세포가 갖고 있는 자기적인 성질을 이용하는 방법입니다.

검사를 하고 싶은 부분에 균일하고 강력한 자기장을 걸어 주면 수소 원자핵이 마치 팽이가 돌아가는 것처럼 회전 운동을 합니다. 여기에 적당한 진동수를 가진 전자기파를 가하면 공명이 생깁니다. 이때 공명하는 수소 원자핵의 밀도나 상태를 컴퓨터로 처리하여 인체의 단면 사진을 얻습니다.

이렇게 얻은 화상으로 인체 각 부분의 출혈이나 종양 등은 물론, 이전에는 발견하기 어려웠던 뇌에서 척수에 이르는 중추신경계나 목 부분의 병 상태도 알 수 있게 되었습니다.

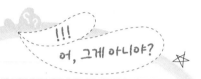

어, 그게 아니야?

초콜릿을 먹으면 충치가 생긴다?

충치는 치아에 달라붙은 음식물 찌꺼기가 충치 균에
의해 플라크(치태)를 만들고 산을 생성하여 치아의 에나멜질을
녹이는데, 초콜릿에 들어 있는 폴리페놀은 충치 균의
효소기능을 억제하고 플라크 축적을 막는 역할을 하기
때문에 초콜릿이 충치를 많이 일으킨다고 보기는
어렵다고 합니다.

식물의 색깔은 왜 녹색일까요?

푸른 잎이 녹색으로 보이는 이유는 다른 파장의 빛이 모두 흡수되고 녹색 빛만 흡수하지 않기 때문입니다.

식물의 이파리에는 두 가지의 엽록소가 있습니다. 붉은 계통의 빛을 잘 흡수하는 엽록소와 푸른빛 계통의 빛을 잘 흡수하는 엽록소가 그것입니다. 이들 엽록소가 합쳐져 광합성을 하는데 이때 쓰이는 빛이 바로 붉은빛과 푸른빛입니다. 중간 쪽 파장인 녹색은 쓰이지 않고 그대로 반사되는 것입니다. 그래서 우리 눈에 이파리는 녹색으로 보인답니다.

빛은 일종의 전자기파로 제각각의 빛깔은 일정한 파장을 가지고 있습니다. 예를 들어 붉은빛은 약 8천 옹스트롬(1옹스트롬은 약 1억분의 1㎝)이며 푸른빛으로 갈수록 파장이 짧아져 보랏빛이 되면 약 4천 옹스트롬이 됩니다.

사과가 붉은 이유는 사과의 껍질에 다른 파장의 빛은 모두 흡수되고 붉은빛만이 반사돼 우리 눈에 비치기 때문입니다.

빗물이 내려오는 과정은?

커피포트에 물을 끓이면 뜨겁고 하얀 김이 모락모락
올라갑니다. 그 김처럼 호수나 강 · 바다 등 여러 곳에
있는 물도 조금씩 수증기가 되어 하늘로 올라가는 것입니다.
이렇게 하늘로 올라간 수증기는 지표면에서 멀어질수록 기온이
떨어지면서 응결해 아주 작은 물이나 얼음 알갱이가 됩니다.
그런데 크기가 워낙 작고 가벼워서 하늘에 둥둥 뜨게 되는
것입니다. 이것이 구름입니다. 그리고 이 작은 알갱이에
다시 수증기가 붙어서 알갱이가 점점 커지면, 무게를
이기지 못해서 작은 물방울로 쪼개져 아래로
떨어지게 됩니다. 이 작은 물방울들이
바로 비입니다.

씨 없는 과일들은 어떻게 만들어질까요?

과일은 씨의 발달과 함께 발육하는 것이 보통입니다. 그런데 수정이 없어서 씨가 발달하지 않는 과일이 발육하는 현상을 '단위 결실'이라고 하는데, 이 단위 결과에 의하여 씨가 없는 과일이 생깁니다.

과일의 발육은 수술의 꽃가루가 암술머리에 붙어 열매를 맺는 수분의 자극, 즉 죽은 꽃가루나 그 추출물에 의하여, 또 화학 물질의 처리에 의하여 유도되기도 하고, 자연적으로도 생깁니다.

자연 상태에서는 바나나나 파인애플·오렌지·감 등의 경우가 있으며, 인위적으로는 품종이 다른 것을 교배시켜 새로이 잡종을 만드는 교잡 육종이나 생장 호르몬 처리를 하여 만들 수 있습니다.

씨 없는 과일의 대표적인 것으로 육종학자 우장춘 박사에 의해 처음 만들어진 씨 없는 수박을 들 수 있습니다. 씨 없는 수박은 열매로, 정상 개체인 2배체와 이 2배체의 식물을 콜히친이라는 약품으로 처리하여 만듭니다. 씨 없는 수박의 체세포의 염색체는 3배체이며, 그 생식 세포는 염색체의 수가 반감되는 특수한 세포 분열인 감수분열 때 세포나 핵이 갈라져서 증식되는 이상 분열을 합니다.

이 생식 세포에서 유래되는 씨는 제대로 발생을 못하나, 암술의 체세포에서 유래한 열매에 2배체의 꽃가루를 수분시켜 발달하며, 씨방만이 크게 커져서 씨가 없는 열매가 된답니다.

쑥쑥 원 플러스 원!

과일의 단맛은
어떤 성분일까?

과일의 단맛은 주로 과당에 의한 것으로 과당은
6개의 탄소 원자가 사슬 모양으로 연결된 구조를
갖습니다. 이 구조는 일정하지 않고 풀렸다 다시 다른
이성질체로 쉽게 바뀌는데 베타형 이성질체가
알파형보다 훨씬 더 강한 단맛을 갖고 있습니다.
온도가 낮아지면 불안정한 알파형보다 안정한
베타형이 더 많아지게 되어 더욱 강한
단맛을 냅니다.

74

압력솥에서는 왜 밥이 빨리 될까요?

냄비에 감자를 삶으면 익는 데 20~30분이 걸립니다. 그러나 압력솥에 삶을 경우 4~5분이면 익습니다. 그 이유는 무엇일까요? 냄비의 물은 100℃에서 끓습니다. 물에 아무리 열을 가해도 온도는 더 오르지 않습니다.

가해진 열은 물을 수증기로 증발시킬 뿐입니다. 그러나 압력솥은 밀폐된 뚜껑이 있어 물이 끓을 때 생기는 수증기가 밥솥 내부에 모입니다. 압력이 상승함에 따라 물의 끓는점도 높아집니다. 따라서 조리하는 온도가 높아져 음식을 익히는 데 필요한 시간이 단축됩니다.

가정용 압력솥은 보통 기압의 두 배에 가깝습니다. 따라서 물은 122℃정도에서 끓습니다. 열이 음식물 깊숙이 전달되는데 시간이 짧게 걸리므로 조리시간이 단축됩니다. 압력밥솥은 냄비와 비슷한 몸체와 돔형의 뚜껑으로 이루어져 있습니다. 몸통과 뚜껑 사이에는 고무로 만든 가스킷이 설치되어 압축된 공기가 새지 않도록 밀폐합니다. 뚜껑 중심부에는 무거운 마개가 달린 배기 구멍이 있습니다. 배기 구멍은 마개에 의해 밀폐되지만 내부의 압력이 일정한 수준에 도달하면 열리게 됩니다. 배기 구멍의 마개에 링을 부착하거나 제거함으로써 밥솥 내부의 온도를 폭넓게 변화시킬 수 있습니다.

♪♪ ♪
쑥쑥 원 플러스 원!

10분이나 끓였는데
달걀이 덜 익은 이유는?

등산가가 높은 산위에서 달걀을 삶아 먹으려고 버너에 물을 끓였습니다. 놀랍게도 물이 보통 때보다 일찍 끓기 시작했습니다. 그래서 끓은 물에 달걀을 넣고 10분 정도 후에 살펴보았지만 아직 익지 않았습니다. 그 이유는 높은 산은 대기압이 낮습니다. 끓는점은 압력이 감소함에 따라 낮아지는데 약 0.6 정도의 기압에서는 86℃ 정도에서 끓습니다. 하지만 음식이 요리되는 것은 물이 끓는 현상에 의해서가 아니라 열을 전달하는 현상에 의한 것입니다. 열이 전달되는 양은 물의 온도에 비례하기 때문에, 달걀을 완전히 익혀 먹기 위해서는 충분히 오랫동안 가열해야 합니다.

야광 물질은 어떻게 빛을 낼까요?

교통표지나 시계, 아이들의 신발 등에 있는 야광물질은 정확히 말하면 인광을 내는 물질입니다. 어떤 물질에 빛을 쪼일 경우 쪼인 빛과 다른 빛이 그 물질에서 나오는 경우가 있는데 이를 형광이라 합니다. 인광이란 쪼이던 빛을 제거해도 계속 빛을 내는 것입니다.

인광을 내는 인광체는 어떻게 오랫동안 빛을 발할까요? 인광체가 빛을 흡수하면 이를 구성하는 물질의 전자는 들뜬 상태가 됩니다.

전자는 에너지를 받으면 들뜬 상태가 되었다가 에너지를 방출하며 바닥상태로 되돌아갑니다. 이때 전자가 방출한 에너지가 빛으로 보이는 것입니다. 인광체가 빛을 제거한 후에도 계속 빛을 내는 것은 전자가 바로 바닥상태로 떨어지지 않고 서서히 떨어지기 때문입니다. 먼저 중간상태를 거친 다음 다시 바닥상태로 돌아가면서 빛을 방출하는 것이지요. 즉 인광체는 에너지를 한동안 머금고 있다가 천천히 방출합니다.

요즘은 인광물질에 방사성원소를 조금 첨가해 빛을 쪼이지 않아도 빛을 발하는 제품이 나오고 있습니다. 방사성원소는 서서히 핵이 붕괴되면서 사방으로 에너지파(방사선)를 방출합니다. 따라서 인광물질에 방사성원소를 첨가하면 빛을 쪼이지 않아도 방사성원소로부터 나오는 방사선을 받아 전자들이 들뜨게 되는 것입니다.

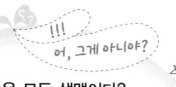

!!!
어, 그게 아니야?

곤충은 모두 색맹이다?

꿀벌은 색을 구별할 수 있다는 사실이 입증되었습니다. 하지만 꿀벌은 빨간색은 볼 수 없습니다. 그냥 무채색으로 보일 뿐입니다. 그러나 실험 결과 닭은 무지개 일곱 색깔을 모두 구별할 수 있는 것으로 밝혀졌습니다. 인간과 가장 친한 동물인 개는 색을 전혀 구별하지 못합니다. 개는 냄새와 생김새 크기 등으로 사물을 구별하는데, 특히 후각이 극도로 예민해 색맹의 결점을 보완하고도 남습니다. 고양이도 색맹입니다. 동물의 대다수가 색맹이라고 합니다. 그 이유는 동물들이 살아가는 데 색이 별로 중요하지 않기 때문이라는 것이 과학자들의 의견입니다.

76

약은 왜 시간에 맞춰 먹어야 할까요?

약은 식사에 맞춰 하루 3번 복용하는 경우가 많습니다. 하루 세 끼의 식사간격은 대체로 5~6시간 정도인데 이는 약물의 혈중농도를 일정하게 유지시킬 수 있는 시간간격과 거의 일치합니다. 또 잊지 않고 규칙적으로 약을 복용하도록 하려는 이유도 있습니다. 약물이 음식과 섞여 소화관 벽을 자극하지 않도록 식후 30분경에 복용하도록 하는 경우가 가장 많습니다.

몇몇 약은 음식물과 같이 먹는 것이 약효를 높이는 데 더 좋은 경우도 있습니다. 지용성 비타민(비타민 A, D, E, K 등)제를 포함한 일부 약물은 음식의 지방분에 녹아 흡수가 되기 때문에 식후 바로 먹는 것이 좋습니다. 이런 약은 물보다 우유에 먹는 것이 더 바람직합니다. 음식물에 영향을 받지 않는 약들도 많지만, 일반적으로 음식물과 같이 먹는 경우에 흡수력이 떨어지는 약이 많습니다. 약의 흡수력 외에 약이 인체에 미치는 영향도 매우 중요합니다. 유산균제제나 한방 과립제 · 제산제 등은 소화기관에 거의 해를 끼치지 않으므로 빈속에 먹는 것을 원칙으로 합니다. 특히 약은 신체 내에서 동일한 농도로 존재해야 지속적인 효과를 얻을 수 있으므로, 시간 간격을 맞추어가며 복용하는 것이 매우 중요합니다.

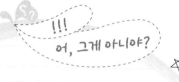

!!! 어, 그게 아니야?

약은 꼭 식후에 먹어야 좋다고?

꼭 그렇지는 않습니다. 약은 속쓰림과 같은 위장장애를 발생시킵니다. 그래서 대부분의 약을 위 속에 있는 다른 소화물과 섞여 위장장애를 최소화할 수 있도록 식후 30분에 먹도록 권장하고 있습니다. 하지만 결핵치료약처럼 인체 흡수율이 낮은 약 같은 경우는 위벽에 흡수가 잘되도록 식전에 먹도록 권장하고 있습니다. 또 식사 후 얼마 되지 않아 복용했을 경우 음식물 때문에 약물의 흡수율이 떨어지거나 흡수속도가 떨어지는 약도 있습니다. 이런 약은 공복상태가 약효를 얻는 데 훨씬 유리합니다.

얼음은 왜 물에 뜰까요?

모든 물체는 밀도를 갖고 있습니다. 밀도라는 개념은 쉽게 말해서 질량을 부피로 나눈 값입니다. 그 값이 크면 밀도가 크다, 혹은 밀도가 높다고 말합니다. 물에 뜨는 물체와 가라앉는 물체는 이 밀도에 따라 정해집니다. 물의 밀도보다 높거나 큰 물체는 물에 가라앉고 작은 물체는 물에 뜹니다.

아르키메데스의 원리에 따르면 물속에 있는 모든 물체는 그것이 밀어낸 액체의 무게와 동등한 부력으로 떠받들어집니다. 그러므로 얼음이 자기 체적의 10분의 9만큼 가라앉으면, 밀려난 물의 무게는 얼음의 무게와 똑같아져 무게와 부력이 균형을 이루므로 더 이상 가라앉지 않습니다.

빙산은 전체의 약 10분의 9가 수면 아래 가라앉아 있고, 위에 나와 있는 것은 10분의 1밖에 안 됩니다. 빙산은 우리가 보는 모습보다도 훨씬 크고 대부분이 수면 아래 숨어 있는 것입니다.

온도가 빙점에 가까운 얼음은 압력을 가하면 녹아서 물이 되고 압력을 제거하면 즉시 원 상태로 업니다. 눈을 덩이로 해서 압축하면 눈의 결정이 일부 녹지만, 손을 놓으면 다시 얼어서 굳은 눈덩이가 되는 사실을 알 것입니다. 얼음이 얼 때는 부피가 늘어나기 때문에 둘레에 큰 힘을 미칩니다. 물이 얼음이 되면서 부피가 늘기 때문에 상대적으로 얼음의 밀도는 낮아집니다. 그래서 얼음은 물에 뜹니다.

기름이 물에 뜨는 원리도 마찬가지입니다. 기름이 물보다 밀도가 작기 때문에 물위에 둥둥 뜨는 현상이 생깁니다.

쑥쑥 원 플러스 원!

병에 든 음료수를
냉동실에 두면 깨지는 이유는?

물의 부피가 늘어나서입니다. 얼음은 물이 0도 이하가
되면서 고체로 굳은 것입니다. 일반적으로 모든 물체는 온도가
내려가면 부피가 작아집니다. 그런데 예외인 물체가 물입니다.
고체가 되면서 작아져야 하는데 부피가 늘어 납니다.
그래서 병에 든 음료수를 냉동실에 두면 병이 깨지게 됩니다.
수도관이 얼어 터지는 것도 이 때문입니다. 바위에 난 조그만
틈으로 물이 스며들어 얼어서 바위가 깨지는 일도 흔히
있습니다. 이런 작용이 오랜 세월에 걸쳐 이어지면
커다란 산도 조금씩 조금씩 무너지는
것입니다.

에어컨을 틀면 왜 물이 생기는 걸까요?

78

공기 중에는 항상 어느 정도의 수증기가 떠다니고 있습니다. 그런데 공기 중에 떠 있을 수 있는 수증기의 양은 온도에 따라 변합니다. 온도가 높을수록 공기 중에 많은 수증기가 존재합니다. 반면 온도가 내려가면 공기 중에 존재할 수 있는 수증기의 양은 줄어들게 됩니다.

아침에 이슬이 맺히는 것은 이러한 까닭입니다. 낮 동안 공기가 따뜻해지고 증발이 활발해져서 많은 수증기가 공기 중에 녹아 있는데, 밤이 되어 기온이 내려가면 이 많은 수증기들이 다 녹지 못하고 공기 밖으로 밀려나게 됩니다.

밀려난 수증기는 액체로, 즉 물방울 형태로 변합니다. 이 물방울들이 풀잎이나 땅바닥에 맺힌 것이 이슬이 되는 것입니다. 에어컨을 틀면 물이 나오는 이유도 마찬가지입니다.

에어컨을 틀면 공기의 온도가 내려갑니다. 따라서 따뜻한 공기

속에 녹아 있던 수증기들이 응결되어 물방울이 되는 것입니다. 특히, 우리나라의 여름은 고온다습하기 때문에 물이 더 많이 나오게 됩니다. 장마철에 물이 더 많이 나오는 것은 눈으로도 쉽게 확인할 수 있습니다. 결국 에어컨에서 나오는 물방울은 방안에 있는 물방울인 셈이지요.

쑥쑥 원 플러스 원!

강과 바다가 넘치지 않는 이유는?

물이 끊임없이 순환하기 때문입니다. 만약 비가 내린다면 물은 불어날 것입니다. 하지만 그만큼의 물이 태양열에 의해서 증발됩니다. 그래서 강과 바다의 물은 넘치지 않는 것입니다. 그리고 물의 일부는 지하수로 땅 밑으로 빠지는 경우도 있습니다.

엘니뇨 현상은 무엇일까요?

남아메리카 서해안을 따라 흐르는 페루 한류(寒流)에 난데없는 이상난류가 흘러들어서 일어나는 해류의 이변 현상을 가리키는 말입니다.

적도 부근 태평양의 수온 분포에서 서쪽 뉴기니 · 인도네시아 근해는 고온이고 동쪽 페루나 에콰도르 연안은 저온입니다. 하지만 서태평양에서 발생한 대규모 저기압이 동쪽으로 움직이면서 무역풍을 중부태평양에 묶어놓습니다. 정상적인 경우, 무역풍은 동쪽에서 태평양을 가로질러 비구름을 서쪽으로 몰아가고 이 영향으로 난류도 서쪽으로 이동합니다. 그러나 무역풍이 묶이면 서쪽으로 이동해야 할 난류가 동태평양에 머물러 있게 되고 그 결과 해수면 온도가 1~5도까지 높아지는 엘니뇨가 발생하는 것이지요.

일단 엘니뇨가 발생하면 수개월간 계속되면서 지구 곳곳에 폭우와 폭서, 가뭄과 홍수 등 재앙을 몰고 다닙니다. 1976년부터 기승을 부리기 시작한 엘니뇨는 통상 3~5년 주기로 나타나는데 정확한 발생 원인은 아직 밝혀지지 않고 있습니다. 현재 가장 설득력을 얻고 있는 것은 지구 온난화가 엘니뇨를 강화시켰다는 분석입니다. 엘니뇨는 에스파냐어로 '신의 아이(그리스도)'를 뜻하는데, 현상이 크리스마스 후에 시작되는 경우가 많은 데서 유래합니다.

엘니뇨가 발생할 때는 한국에도 여름철 저온과 겨울 고온 등의 기상이변이 나타납니다. 1998년 여름에는 게릴라성 폭우가 곳곳에 쏟아져 엄청난 피해를 냈는데 이것도 엘니뇨와 뒤이어 발달한 라니냐의 영향 때문인 것으로 분석되었습니다.

쑥쑥 원 플러스 원!

라니냐 현상이란?

에스파냐어로 '여자 아이'를 뜻하는 라니냐는 적도 무역풍이 평소보다 강해지면서 차가운 바닷물이 솟아오르는 현상입니다. 엘니뇨에 이어 곧바로 나타나는 것으로 적도 부근 동태평양에서 저수온 현상이 발생하게 됩니다. 동남아시아와 중부아프리카, 중국 북부에는 홍수가 발생하고 미국 서북부, 남미 서해안, 중국 남부 등지에는 가뭄이 나타나는 경향이 있습니다. 우리나라의 경우에는 겨울철에 저온·건조한 때가 많았습니다.

80

오래 앉아 있으면 왜 발이 저릴까요?

몸의 일부가 저린 것은 혈액순환이나 혈관과 관계가 있습니다.

혈액순환은 심장과 관련이 있는데, 심장은 움직이거나 운동할 때는 더욱 빨리 뜁니다. 누워 있으면 몸이 평형의 상태가 되어 중력을 고르게 받으므로 몸 전체에 고루 피가 통하게 됩니다.

가만히 앉아 있거나 서 있으면 심장의 움직임이 느려지고 중력의 영향을 받아 피가 아래쪽에 몰리게 됩니다. 또한 다리는 신체 중 심장에서 가장 멀리 떨어져 있어서 심장이 느끼기에 혈액을 공급하는 데 좀더 오래 걸리고 힘듭니다. 또한 중력의 영향으로 심장이 동맥을 통해 하체로 신선한 혈액을 공급하는 것은 쉽지만, 한번 내려간 피가 정맥을 통해 다시 심장으로 돌아오기는 힘듭니다. 아래쪽에 모인 피가 내려간 양만큼 돌아오지 못하고 아래쪽에 몰려 있으면 혈관이 팽창되어 다리가 저린 현상이 일어나는 것입니다.

직업상 많이 서 있거나 앉아 있는 사람의 다리가 퉁퉁 붓는 것도 하체 혈관이 팽창된 상태가 지속되어 그런 것입니다. 발가락이라도 조금씩 꼼지락거려주면 피가 심장 쪽으로 돌아가는 것을 조금이나마 도와 저린 현상을 조금이나마 줄일 수 있다고 합니다.

쑥쑥 원 플러스 원!

사람의 핏줄을 연결하면
그 길이는?

정확한 길이는 사람마다 다르고, 정확히 잴 수도
없지만 일반적으로 9만 6천㎞에서
10만㎞ 정도로 알려져 있습니다.
실핏줄(모세혈관)까지 모두 포함한 길이입니다.
지구를 두 바퀴 반 정도 돌릴 수 있는
길이입니다.

81

오로라는 왜 생길까요?

오로라(aurora)는 극광, 또는 춤추는 빛의 커튼이라고도 하는데, 북극이나 남극에 가까운 고위도 지방의 하늘에서만 볼 수 있습니다. 오로라는 거대한 커튼 모양으로 출렁이면서 시시각각으로 변하는데, 대칭 형태이며 색깔은 보통 담녹색이지만 붉은색·노란색·파란색·보라색 등 다양한 색을 띠기도 합니다. 에스키모인들은 오로라를 전쟁과 같은 불운의 징조로 여겼습니다.

오로라는 보통 지상 65~100km 높이에서부터 나타나며 그 꼭대기 높이는 약 1,000km까지 뻗어 있습니다. 오로라가 동서 방향의 옆으로 길게 뻗어 있을 때 그 폭은 수 km에 이릅니다. 연구 결과 오로라는 태양의 영향으로 생긴다는 것이 밝혀졌습니다. 태양의 표면에서는 가끔 플레어(flare)라는 폭발 현상이 발생하는데, 이 현상은 태양 표면에 흑점 수가 많아질 때 특히 심하게 일어납니다.

플레어가 발생하면 많은 대전 입자들(전자와 양성자)이 빠른 속도로 지구를 향해 날아오다가 지구의 자기장에 붙들리게 됩니다. 지구 자기장에 붙들린 대전 입자들은 자기력선을 따라 남북 극쪽으로 운동을 하며 대기 중의 공기 분자나 원자와 충돌을 합니다. 이때 생긴 이온이나 전자는 재결합하면서 빛을 내는데, 이 것이 오로라입니다.

쑥쑥 원 플러스 원!

겨울에 입에서 하얀 김이 나오는 이유는?

숨을 쉴 때는 입에서 수분이 수증기로 나옵니다. 수증기는 기온이 높을 때는 기체 상태로 되어 보이지 않지만, 날씨가 추워 기온이 내려가면 작은 물방울로 변합니다. 이 작은 물방울이 빛을 받아서 하얗게 보이는 것입니다. 뜨거운 난로 위의 주전자에서 하얀 김이 나오는 것도 기온이 갑자기 낮은 곳에서 생긴 물방울입니다.

오존층이 없으면 어떻게 될까요?

지구 상공 약 25km에는 항상 일정한 양의 오존층이 머물러 있습니다. 오존은 태양에서 나오는 에너지 때문에 산소 분자가 변해서 된 것입니다. 그러나 많아지지는 않고, 분해되고 생겨나는 과정을 되풀이하여 항상 일정한 양을 유지합니다. 태양은 자외선이라는 위험한 광선을 발산하는데 이 자외선을 직접 쬐면 동물과 식물은 살 수가 없게 됩니다.

다행히 지구 상공의 이 오존층이 자외선을 막아 주는데, 이 오존층을 통과한 약한 자외선으로도 살갗이 검게 되고 피부가 약한 사람은 화상이나 피부암에 걸리기도 합니다. 최근 지구인들이 내뿜는 공해로 인해 오존층이 파괴된다고 하는데 심해지면 인류와 동식물에게 큰 위험이 될 것입니다.

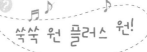
♬♪ 쑥쑥 원 플러스 원! ♪♪

지진이 일어나는 이유는?

지진의 직접적인 원인은 암석권에 있는 판(plate)의
움직임 때문입니다. 이러한 움직임이 직접 지진을
일으키기도 하고 다른 형태의 지진 에너지원을
제공하기도 합니다. 판을 움직이는 힘은 다양한 형태로
나타나는데, 침강지역에서 판이 암석권 밑의 상부맨틀에
비해 차고 무겁기 때문에 이를 뚫고 들어가려는 힘,
상부 맨틀 밑에서 판이 상승하여 분리되거나 좌우로
넓어지려는 힘, 지구 내부의 열대류에 의해 상부맨틀이
판의 밑부분을 끌고 이동하는 힘 등이라고 생각할 수
있으나, 이것들이 어느 정도의 비율로
작용하는지는 정확히 알 수는
없습니다.

온실 효과란 무엇일까요?

기후가 변하는 가장 중요한 원인으로 주목받고 있는 것이 바로 온실 효과입니다. 최근 100년 사이에 지구의 연평균 기온은 0.5~0.6도 가량 높아졌습니다. 그 이유는 온실 효과를 일으키는 이산화탄소와 메탄가스 · 프레온가스 등의 대기 중 농도가 높아졌기 때문으로 생각됩니다.

온실 효과란 이들 가스들이 온실 유리처럼 지구로 들어온 태양 광선은 통과시키지만, 지표면에서 복사되는 적외선은 통과시키지 않고 흡수하기 때문에 일어나는 것입니다. 다시 말해서 이들 가스는 일단 지구로 들어온 에너지가 우주로 빠져나가지 못하도록 붙잡아 두는 역할을 합니다.

내리쬔 햇볕의 영향으로 지표면이 더워지면 밤에 지표면은 그 열을 반사하게 됩니다. 지구의 대기는 산소와 질소로 되어 있는데, 산소와 질소는 이렇게 빠져나가는 열을 통과시킵니다. 하지만 이산화탄소는 이런 열, 즉 적외선을 흡수해서 사방으로 뿜어 냅니다. 그래서 적외선 중 일부는 우주로 빠져 나가지 못하고 다시 지상으로 돌아와 지표면을 데우게 되는데, 이런 현상 때문에 지표의 온도가 높아지게 되는 것입니다.

온실 효과는 이렇듯 여러 가지 면에서 이루어지는 인간 활동의 결과로 생겨납니다. 사람들이 계속 살아가는 한 온실 효과를 완전히 멈추게 할 수는 없겠지만 줄이는 노력은 계속해야 합니다. 왜냐하면 미래의 인류의 생존과 밀접한 관계를 갖고 있기 때문입니다.

쑥쑥 원 플러스 원!

온실효과의 부작용

① 지구의 온난화 현상이 가속화됩니다. 최근 100년 동안 지구의 온도는 약 1도 증가한 것으로 나타나고 있습니다.
② 지표면의 사막이 늘어나고 있습니다. 온도의 상승으로 지표면에서 사막의 비율이 점점 커지고 있습니다.
③ 극지방과 높은 산의 빙하가 녹아 해수면이 상승할 것이고, 또 고온에 의한 해수의 열팽창으로 해수면이 상승할 것입니다.
④ 거센 바람과 태풍의 발생빈도가 높아질 것입니다.
실제로 최근 몇 년 동안 페루 앞바다의 해수 온도의 상승으로 인한 엘리뇨 현상과 일부지역의 온난화가 나타나고 있습니다.

옷은 물에 젖으면 왜 색깔이 진해질까요?

천이나 종이, 땅으로 등은 일단 물에 젖으면 다 색깔이 진하게 보입니다.

우리가 색을 볼 수 있는 것은 물체가 그 색깔의 파장을 가진 광선을 반사하기 때문입니다. 즉 파랑색으로 보이는 것은 파랑색의 파장을 가진 광선을 반사하기 때문입니다. 만약 모든 색의 빛이(가시광선) 전부 반사되면 하얗게 보이고, 모두 흡수되어 반사되지 않으면 검게 보이는 것입니다.

조명에서도 여러 색이 겹쳐지면 하얗게(밝게) 보입니다. 따라서 옷이 물에 젖는다 해서 반사하는 광선 종류 자체가 바뀌는 것은 아니고, 색의 진하고 엷음은 반사되는 양에 따라 다른 것입니다. 옷은 확대해서 보면 섬유 표면이 오톨도톨한데 그 사이에 물이 스며들면 매끄럽게 변합니다.

이렇게 되면 반사하는 빛의 강도가 줄어들게 되고, 또한 빛은 물을 통과하기 때문에 물을 만나면 반사되지 않아 색깔이 자연스럽게 진하게 보이는 것입니다. 물은 투명도가 크지만 표면에서의 반사는 의외로 작기 때문입니다. 즉 옷을 물에 담그면 섬유의 난반사(여러 방향으로 반사)가 줄어들고 물이 빛을 통과시키기 때문에 반사량이 그만큼 줄어들어 진한 색깔로 보이게 되는 것입니다.

이것은 비온 뒤 약간 마른땅에 비해 젖은 땅이 더 어두워 보이는 것과도 같은 원리입니다. 땅의 표면은 울퉁불퉁한데, 이때 빛(광선)은 요철이 있는 면에 닿으면, 빛은 제각기 방향으로 난반사를 일으킵니다.

쑥쑥 원 플러스 원!

비눗방울을 불면 여러 가지 색깔이 나오는 이유는?

색깔이라는 것은 빛에 의해서 우리 눈으로 볼 수 있는 것입니다. 빛은 파장에 따라서 다른 색으로 우리 눈이 인식을 하지요. 무지개를 보면 각 파장마다 꺾이는 성질이 달라서 각각의 색이 나누어져 보이기 때문에, 빨주노초파남보로 나뉘어서 아름답게 보이는 것입니다. 비눗방울이 여러 가지 색인 것은 무지개랑 마찬가지로 비눗방울에 반사될 때 각 빛의 파장이 다른 데로 반사되어 나오기 때문에 여러 가지 색깔로 보이게 되는 것입니다.

욕조에서 물을 뺄 때 왜 소용돌이가 생길까요?

소용돌이 형태로 물이 빠지는 이유는 전항력 때문입니다. 발견한 과학자의 이름을 따서 '코리올리힘'이라고도 부릅니다. 지구의 전항력, 즉, 코리올리힘은 지구가 자전하면서 생기는 힘에 의해서 지구나 지구 주변에 위치한 다른 물체나 물질들이 영향을 받는 것입니다.

소용돌이의 방향을 살펴보면 보통 지구 북반구에서는 시계 반대 방향으로, 지구 남반구에서는 시계 방향으로 나타납니다. 그이유는 북반구의 상공에서 지구를 보면 지구가 서쪽에서 동쪽으로 돌기 때문에 시계 반대 방향으로 보이고, 남반구의 상공에서 지구를 보면 시계 방향으로 돌기 때문입니다. 즉, 위치한 곳에서 나타나는 자전의 방향과 같은 형태로 욕조에 소용돌이가 나타나는 것입니다.

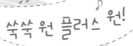

쑥쑥 원 플러스 원!

사막에서 낮과 밤의 기온 차이가 큰 이유는?

내륙 분지형 사막에서는 바다의 영향을 거의 못 받습니다.
일사가 강한데다 지표가 노출되고 대기 중의 수증기의
양이 적기 때문에, 낮 동안은 기온이 높고 밤에는 기온이
내려가서 일교차가 매우 큽니다. 여름의 경우 45도 이상의
불타는 기온을 보이다가도 밤에는 10도 미만으로
내려가며 일교차·연교차 매우 큽니다. 겨울에는
북쪽의 경우, 서리를 볼 수 있을 정도입니다.
비가 내릴 때는 불규칙한
호우가 많습니다.

86

우리 몸의 뼈는 모두 몇 개나 될까요?

모두 성장한 우리 몸의 뼈는 206개입니다. 사람은 약 300개 정도의 뼈를 갖고 태어나지만 성장하는 동안 여러 개의 뼈들이 합쳐지게 됩니다. 그래서 몸통은 80개, 팔은 64개, 다리는 62개 등 총 206개로 줄어듭니다.

머리뼈는 28개로 이뤄져 있으며, 이들은 뇌를 보호하기 위해 서로 움직이지 못하도록 단단히 붙어 있습니다. 또, 우리 몸의 기둥이 되는 뼈인 척추는 목·가슴·허리·꼬리와 엉치를 합하여 모두 26개로 구성되어 있습니다. 손발은 자그마한 뼈들로 이뤄져 있는데, 손바닥과 발바닥에 각각 10개의 뼈가 있습니다.

손가락과 발가락에는 각각 28개의 뼈가 있는데, 사람은 걸어 다니기 때문에 손바닥보다는 발바닥의 뼈가 더 발달되어 있습니다. 발에 있는 뼈는 위로 볼록하게 배열되어 있어 발바닥이 오목한 것입니다.

발바닥의 뼈가 평평하면 걸을 때마다 발바닥에 있는 근육과 신경·혈관이 눌려 아프기 때문에 오래 걸을 수 없게 됩니다. 이런 발을 '평발'이라고 하는데, 평발을 가진 남자가 군대에 가지 못하는 이유도 이 때문입니다.

또 뼈는 남녀가 조금씩 다른데, 남자와 여자의 차이가 가장 큰 부분이 바로 골반입니다. 아기를 낳아야 하는 여자는 남자보다 골반뼈 안이 굵습니다. 이는 아기를 낳기에 보다 유리하도록 하기 위해서 입니다.

쑥쑥 원 플러스 원!

우리의 뇌세포 수는?

약 140억~150억 개로 이루어져 있습니다. 사람의 뇌는 큰골·작은골·연수로 구분되는데, 뇌를 이루고 있는 세포를 가리켜 신경세포라고 합니다. 우리의 뇌는 신경세포로 가득 차 있는 셈입니다. 사고력과 판단력을 도와주는 이 신경세포는 다치거나 파괴되면 다시 살아나지 않습니다. 뇌는 약 20세 정도까지 성장하다가 그 뒤에는 하루에 10만 개나 되는 뇌세포들이 파괴되기 시작한 답니다. 특히 50세부터는 2배나 더 빠르게 진행되어 80세 때는 청년기와는 비교도 할 수 없을 만큼 줄어든다고 합니다.

우주는 왜 어두울까요?

우주가 어두운 것에 대한 정확한 이유는 암흑물질 (Dark Matter)때문입니다.

암흑물질은 질량은 가지고 있지만 빛을 복사하지 않는 특이한 성질을 가지고 있습니다. 빛을 복사하지 않으니 우리 눈에는 물론 그 어떠한 망원경으로도 그 존재를 관찰할 수 없는 것입니다. 하지만 은하의 질량을 측정해 보면 별들의 총 질량을 합한 것보다 훨씬 크다고 합니다. 또 은하단의 질량 또한 은하의 질량을 합한 것보다 훨씬 큽니다. 이렇게 암흑물질의 존재가 없다면 해석할 수 없는 경우가 너무나 많기 때문에, 보이진 않지만 그 존재로 인한 효과가 나타나는 것으로서 암흑물질의 존재를 확인할 수 있습니다.

우리 우주는 이런 암흑물질과 암흑에너지가 우주를 이루는 물질 전체의 95% 이상을 차지하고, 우리가 육안이나 망원경으로 관찰할 수 있는 빛을 내는 천체나 빛을 복사하는 물질은 우주의 5%도 채 못 된다고 합니다. 따라서 빛을 내거나 복사하는 물질보다 빛을 복사하지 않는 물체가 압도적으로 많기 때문에 우주가 어두운 것입니다.

이 이외에도 우주의 팽창으로 인해서 은하들이 서로 멀어지기 때문에 빛을 내는 천체들도 덩달아 멀어져 우주가 어둡다는 것을 설명할 수 있습니다.

빛을 내는 천체들이 계속 멀어지기 때문에 우주는 점점 어두워지는 것이지요.

쑥쑥 원 플러스 원!

높은 산에 올라가면 추운 이유는?

기체에 열을 가하면 부피가 커지면서 가벼워집니다. 이런 원리로 따뜻한 공기는 점점 위로 올라가게 됩니다. 높이 올라갈수록 기압이 낮아지는데 공기의 입자는 지구의 중력에 의해 지구 중심으로 끌리고 있습니다. 따라서 지구에서 멀어질수록 그 힘이 약해지므로, 높은 곳에 올라갈수록 기압이 약해집니다. 기압이 약해지게 되면 위로 올라가던 공기는 주변에서 받는 압력이 작아지므로 자연히 팽창하게 됩니다. 공기가 팽창하게 되면 그 과정에서 주위에 있는 공기를 밀어내게 되는데, 이 때 열을 소모하게 되어 공기가 냉각됩니다. 따라서 높은 곳에 있는 공기가 더 찬 것입니다.

88

우주비행사들은 우주에서 어떻게 볼일을 볼까요?

지구에 있는 보통의 화장실이라면, 변기 위에 앉아 중력의 힘을 빌려 배설물을 정확하게 낙하시키면 그만입니다. 하지만 우주에서는 이 중력에 기댈 수 없다는 것이 문제입니다. 우주에서 물체는 낙하하지 않고 둥둥 떠다닙니다. 그래서 과학자들은 첨단 기술의 진공청소기를 이용하는 것을 생각해 냈습니다.

우주비행사들은 특수 제작한 변기 위에 한 치의 오차도 없이 정확하고 확실한 자세로 앉습니다. 변기의 좌석에 비행사의 특정 부위의 피부가 빈틈없이 밀착되어야만 이물질이 새어나와 선실 안을 둥둥 떠다니는 끔찍한 상황을 예방할 수 있습니다.

다음으로 비행사가 변기 내부에 장치된 송풍기의 스위치를 올리면, 부드러운 흡입력이 발생해서 배설물을 변기 속으로 빨아들입니다. 단단한 물질은 특수한 주머니 속에 모이게 되고, 젖은 물건은 주머니를 통과하여 파이프를 지나 저장 탱크로 모이게 되는 원리입니다.

비행사는 볼일을 마치면 변기 뚜껑을 단단히 조여 닫고, 밸브를 열어 변기 내부의 공기가 우주의 진공 속으로 빠져나가게 합니다. 그렇게 하면 습기는 순식간에 증발하게 되고, 또 간단한 특수 장치를 이용해서 남은 물질을 한데 모은 후, 우주선이 지구로 귀환했을 때 처리할 수 있도록 저장해둡니다.

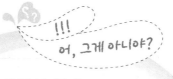

우주선 안에도
위아래의 구분이 있다고?

그렇지 않습니다. 우리가 지구에서 가지는 위·아래의
방향감각은 우리와 지구의 관계 속에서 설정된 것입니다.
우리는 지구의 중력에 의해 지속적으로 지구 중심으로
잡아당겨지고 있기 때문에 발을 딛고 서 있는 쪽이 아래이고,
그 반대 방향이 위라고 부릅니다. 동서남북이라는 방향 역시
지구의 북극과 남극을 기준점으로 설정한 것입니다. 따라서
지구중력권 바깥으로 나간 우주선 내부에서는 이런 의미의
방향은 존재하지 않습니다. 근대 이후 '무한하고 텅 빈
우주'라는 관념이 정립된 때부터 이런 절대적인
방향개념은 더 이상 받아들여지지
않고 있습니다.

우주쓰레기들은 왜 지구로 추락하지 않을까요?

뉴턴의 운동제1법칙인 '관성의 법칙' 때문입니다. 즉 움직이려는 것은 계속 그 움직이려는 속도로 움직이고, 정지하고 있는 것은 모두 정지하려고 한다는 법칙 말입니다.

평소에 우리는 마찰력이라는 무시무시한 힘 때문에 이 관성의 법칙을 잘 느끼지 못합니다. 그러나 지하철이 정차해 있다가 갑자기 출발하면 뒤쪽으로 몸이 쏠리는 것을 느낄 수 있습니다. 몸은 계속 정지하려고 하기 때문에 정지해 있던 방향(뒤쪽)으로 쏠려서 그런 것입니다.

우주 쓰레기나 인공위성도 마찬가지입니다. 지구 주위의 궤도로 한번 쏘아주기만 하면 계속 움직이던 궤도를 따라서 빙빙 도는 것입니다.

막강한 지구의 중력에도 불구하고 추락하지 않는 이유는 적당한 속도와 관련이 있습니다. 지구를 탈출할 수 있는 탈출속도(제2우주속도)는 약 초속 11.2km입니다. 어떤 물체를 이보다 빠른 속도로 쏘아 올리면 지구의 중력권을 벗어나 날아가게 되는 것입니다. 만약 이보다 좀더 작은 초속 7.9km정도로 쏘아 올리면, 인공위성은 일정한 원의 궤도를 그리며 지구 주위를 공전하게 됩니다. 이를 원궤도속도(제1우주속도)라고 합니다.

인공위성을 제1우주속도와 제2우주속도 사이의 속도로 쏘아 올리면 타원 궤도를 그리며 지구 주위를 공전하게 됩니다. 우주 쓰레기는 인공위성·우주 왕복선·우주 탐사선들의 잔해 및 인간이 우주에 버린 모든 것을 가리킵니다.

쑥쑥 원 플러스 원!

지구가 도는데 어지럽지 않은 이유는?

크게 두 가지가 있습니다. 첫 번째 이유는 중력 때문입니다. 중력은 지구가 우리를 잡아당기는 힘입니다. 이로 인해 우리는 지구와 같은 방향으로 돌기 때문에 전혀 어지럽지 않습니다. 두 번째 이유는 우리가 지구와 함께 움직이기 때문입니다. 어느 한 물체는 다른 물체와 함께 움직이면 움직임을 그다지 느끼지 못합니다. 실제로 우주비행사들은 우주비행기가 초속 9Km로 이동해도 창문만 닫으면 중력 외에는 속력을 별로 못 느끼며 우주정거장에서도 역시 못 느낍니다. 지구가 시속 6.2Km로 달려도 못 느끼는 것과 마찬가지입니다.

우주의 끝은 있을까요?

우주는 끝을 어떤 의미로 해석하느냐에 따라 유한 하기도 하고 무한하기도 합니다. 몇 가지 관측사실로 종합해 볼 때 우주의 크기는 약 150억 광년이라고 합니다. 현재 가장 대표 적으로 받아들여지고 있는 우주론인 대폭발(빅뱅)이론에 의하면 우리의 우주는 팽창하고 있으며 멀리 떨어진 별일수록 더 빠른 속도로 멀어지고 있다고 합니다.

거리가 점점 멀어지다가 약 150억 광년에 이르게 되면 별들은 빛의 속도보다 더 빠른 속도로 멀어지게 되는데 그렇다면 그 별 들은 아무리 시간이 지나도 우리에게 닿지 않으니까 관측할 수 없게 됩니다. 그리고 150억 광년의 거리에 있는 별빛이 지구에 도착하는 데는 150억 년이 걸리기 때문에 우리가 관측하는 별빛 은 150억 년 전에 출발한 별빛이라고 할 수 있습니다.

150억 년 전에는 우주가 존재하지 않았으니까 실제로는 아무

것도 볼 수 없습니다. 시간적 · 공간적으로 관측할 수 없다는 의미에서 이를 우주의 끝이라고 할 수 있습니다. 그러나 우리가 150억 광년의 거리에 있는 '우주의 끝'(우주의 지평선)에 간다면 거기에서 보이는 우주는 우리가 보고 있는 우주와 거의 다름없는 거대한 우주입니다. 경계로서의 우주의 끝은 존재하지 않습니다. 지구의 표면적은 유한하지만, 앞으로 계속 걸어가도 동그랗게 때문에 끝없이 걸을 수 있는 것과 비슷하다고 생각하시면 됩니다.

하지만 계산상으로는 우주에도 끝이 있습니다. 지구를 기준으로 300만 광년 거리에 있는 우주는 매초 10km의 속도로, 130억 광년의 거리에 있는 우주는 매초 27만km의 속도로 멀어지고 있습니다. 그러므로 우주는 계산상으로 매초 30만km씩 멀어지고 있으며, 그 매초 30만km씩 멀어지는 지점이 우주의 끝이 됩니다.

쑥쑥 원 플러스 원!

우주의 중심은 어디?

사실상 우주에는 중심이 없습니다. 우주는 4차원 공간이기 때문입니다. 우주는 우리가 아는 3차원 공간에서 팽창하는 것이 아닙니다. 우주는 가로 · 세로 · 높이로 이루어진 3차원 공간이 아니라, 시간이라는 축을 하나 더 가진 4차원 공간입니다. 그러므로 우리가 사는 3차원 공간에서는 우주의 중심을 찾을 수 없는 것입니다.

울고 나면 눈이 왜 부을까요?

울면 눈이 붓는 것은 눈물이 눈꺼풀에 괴기 때문이라고 생각하는 사람이 있는데 사실 눈이 붓는 것과 눈물은 그다지 관계가 없습니다.

울 때 눈이 붓는 것은 울면서 눈을 비비기 때문입니다. 눈을 비비면 피하에 퍼져 있는 모세혈관으로부터 조직액이 대량으로 배어 나와 붓게 됩니다.

조직액이라는 것은 혈액 중에 있는 수분인데, 평상시에도 모세혈관의 벽을 통하여 배어 나오지만 대개는 림프관에 흡수되거나 모세혈관 속으로 들어가거나 하기 때문에 피부에 괴지는 않습니다. 그러나 벌레에 쏘이거나 살갗이 스쳐서 벗겨지거나 하면 조직액이 평상시보다 더 많이 나오기 때문에 부어오릅니다. 눈꺼풀은 다른 곳에 비하여 피부가 얇기 때문에 두드러져 보입니다.

얼굴이 붓는 것은 눈이 붓는 것과 그 메커니즘이 다릅니다. 자기 전에 음식을 먹으면 섭취된 염분과 수분이 쌓여서 얼굴이 붓게 됩니다. 그런데 낮에는 염분과 수분이 많은 음식을 먹어도 얼굴이 붓지 않습니다. 그 이유는 낮에 걸어다니면서 중력에 의해 아래쪽에 수분이 쌓여 다리가 붓게 됩니다. 반대로 저녁때는 잠을 자면서 상대적으로 얼굴 쪽에 수분이 쌓여 붓게 되기 때문입니다.

염분은 우리 몸 밖의 세포 밖 삼투압을 조절하는 주된 성분입니다. 음식을 먹으면서도 얼굴이 붓지 않으려면 자기 전에 수분과 염분의 섭취를 줄이고 식사 후는 바로 자지 않도록 해야 합니다. 얼굴의 부기를 뺄 때는 녹차 마시기, 운동을 해서 땀 흘리기나 얼음찜질 등을 하는 것이 좋습니다.

쑥쑥 원 플러스 원!

울면 눈물 · 콧물이
나오는 이유는?

연기에 질식되거나, 강한 바람을 쐬거나, 양파의 껍질을 벗기거나 하면 눈물이 나옵니다. 이것은 우리 몸이 눈을 자극하는 것을 씻어 내려고 하여 눈물의 양이 증가하기 때문입니다. 보통 때도 눈물은 눈을 마르지 않게 하기 위해서 흐르고 있습니다. 그렇지만 눈 안쪽에 있는 눈물샘에서 코로 흐르는 양은 적어서 보이지는 않습니다. 그러나 눈물의 양이 증가하면 눈물샘에서는 이것을 다 처리하지 못하여 눈으로부터 넘쳐 나옵니다. 물론 눈물샘에서도 홍수가 되면 콧구멍으로 흐릅니다. 이것이 콧물인 것입니다.

원적외선이란 무엇일까요?

적외선 중 파장이 긴 것을 말합니다. 적외선은 가시광선의 적색 영역보다 파장이 길어 열작용이 큰 전자파의 일종으로, 파장이 짧은 것은 근적외선이라 합니다. 눈에 보이지 않고 물질에 잘 흡수되는 성질을 띕니다.

또 빛은 일반적으로 파장이 짧으면 반사가 잘 되고, 파장이 길면 물체에 도달했을 때 잘 흡수되는 성질이 있으므로 침투력이 강해서 사람의 몸도 이 적외선을 쬐면 따뜻해집니다. 예를 들어 30℃의 물속에서는 따뜻한 기운을 거의 느끼지 못하지만, 같은 온도의 햇볕을 쬐고 앉아 있으면 따스함을 느낄 수 있는데 그 이유는 햇볕 속에 포함되어 있는 원적외선이 피부 깊숙이 침투하여 열을 만들기 때문입니다.

이러한 열작용은 각종 질병의 원인이 되는 세균을 없애는 데 도움이 되고, 모세혈관을 확장시켜 혈액순환과 세포조직 생성에

도움을 줍니다. 또 세포를 구성하는 수분과 단백질 분자에 닿으면 세포를 1분에 2,000번씩 미세하게 흔들어줌으로써 세포조직을 활성화하여 노화방지 · 신진대사 촉진 · 만성피로 등 각종 성인병 예방에 효과가 있습니다.

그밖에도 발한작용 촉진 · 통증완화 · 중금속 제거 · 숙면 · 탈취 · 공기정화 등의 효과가 있습니다. 또 주택 및 건축자재 · 주방기구 · 섬유 · 의류 · 침구류 · 의료기구 · 찜질방 등의 여러 분야에도 쓰이고 있습니다.

♬ ♪ ♪
쑥쑥 원 플러스 원!

원적외선의 활용 분야는?

최근 원적외선을 방사시켜 주는 세라믹스의
염가 제조가 이루어져 건강기구로서 히터,
불고기판, 사우나 등에까지 응용되고 있습니다.
또 몸을 따뜻하게 해주고 탈취의 효과도 있어서
양말이나 속옷 · 담요 등 의료나 식물의
신선도를 유지하며 정수기 등에도
사용되고 있습니다.

유전자 조작은 무엇일까요?

유전공학 또는 유전자 조작이란 한 종으로부터 유전자를 얻은 후에 이를 다른 종에 삽입하는 기술을 말합니다. 1953년 세포 속의 DNA의 구조가 밝혀지고 1970년대 이후 DNA를 자르는 것이 가능해지면서 이러한 기술도 가능해졌습니다.

유전자를 변형하면 여러 가지 다양한 식물을 만들 수 있는데 예를 들어 해충이 싫어하는 토마토(해충이 싫어해서 농약을 칠 필요가 없음), 특정 영양분을 많이 넣은 쌀 등을 만들어낼 수 있으며 예전 수확의 몇 배의 수확률을 가져올 수도 있습니다. 이와 같은 방식으로 새롭게 만들어진 생명체를 유전자조작 생물체라고 부릅니다. 유전자 조작이 벼나 감자·옥수수·콩 등의 농작물에 행해지면 유전자조작 농작물이라 부르고, 이 농산물을 가공하면 유전자조작 식품이라고 합니다.

그러나 이 기술은 아직 초보단계에 있기 때문에 소품종(콩·옥수수)에 대해서만 현재 이러한 신기술을 이용하고 있습니다.

쑥쑥 원 플러스 원!

유전자 조작으로 생기는 문제는?

첫째, 유전자 조작으로 만들어진 농산물은 제초제나 기타 방재 약재에 대한 내성이 강하므로 새로운 잡초 생물이 될 수도 있다는 것입니다.

둘째, 한 유전자를 변형시켰지만 그로 인해 다른 유전자들이 어떤 영향을 받을지에 대한 예측이 불가능하다는 것도 있습니다. 영화에서 나오는 거대식물이나 기타 원하지 않았던 새로운 생명체가 만들어질 수도 있습니다.

셋째, 자연 그대로의 농작물이 아니므로 인간이 장기간 먹었을 때 어떤 나쁜 영향이 생길지도 모른다는 것입니다.

94

은하수는 어디쯤에 있을까요?

지구나 태양이 속해 있는 은하계는 거대한 원반 모양으로 되어 있습니다. 이 원반은 위에서 보면 중앙에 별이 가득히 밀집되어 있고, 바깥쪽으로 향해 갈수록 소용돌이 모양을 그리면서 별의 수가 적게 산재해 있습니다. 옆에서 보면 중앙이 볼록 튀어나와 마치 볼록 렌즈와 비슷한 모양입니다.

지구가 속하는 태양계가 있는 곳은 이 원반의 중심에서 약 3만 광년 떨어진 곳이고, 원반의 반지름이 약 5만 광년이므로 비교적 원반의 바깥쪽 가까운 곳에 있는 셈입니다. 그리고 원반의 중앙 부위에서 보았을 때 별이 빽빽이 모여 있는 부분, 옆에서 보았을 때, 볼록 렌즈의 볼록 튀어나온 근처의 별의 집단을 우리는 은하수라고 부릅니다.

그 별들은 스스로 희미한 빛을 내고 있는 항성으로, 그 수는 수억 개라고 하지만 사람의 눈에 빛이 도달하는 것은 3,000개 정도입니다. 지구에서는 평면적이며 띠 모양으로 보이지만, 실제로는 입체적인 집단으로 두께는 1만에서 1만 5천 광년이나 됩니다.

쑥쑥 원 플러스 원!

우주선의 비행경로가
곡선인 이유는?

우주선이 띄울 때 가장 중요한 것은 얼마나 연료를 적게 들이고 갈 것인가 하는 경제성입니다. 흔히 가장 짧은 거리를 가면 가장 빠르고 쉽게 갈 것 같지만, 이는 틀린 생각입니다. 우주선이 한 행성에서 다른 행성으로 갈 수 있는 가장 경제적인 궤도를 '호먼 궤도'라고 부릅니다. 그러나 이 궤도가 가장 빠르거나 짧은 궤도는 아닙니다. 이 궤도는 행성들이 타원궤도를 따라 공전하는 것을 이용합니다. 출발하는 행성과 도착하는 행성의 양쪽에 접하는 타원궤도를 이용하면 연료를 가장 적게 사용해 우주여행을 할 수 있습니다.

입술은 왜 겨울에 잘 틀까요?

입술은 다른 피부에 비해 피지선이 거의 없어서 땀과 기름이 분비되지 않으므로 자연적인 보습막이 형성될 수 없습니다. 따라서 춥고 건조한 겨울이 되면, 자연적인 보습막을 갖지 못하는 입술의 각질층은 쉽게 벗겨질 수 있고 때때로 염증이 발생하기도 합니다.

하지만 이렇게 될 가능성도 사람에 따라 매우 다르다고 알려져 있습니다. 즉 선천적으로 피부의 각질이 얇고 부드러운 사람은 입술의 각질도 얇으므로 겨울이 되면 다른 사람에 비해 더 쉽게 벗겨집니다.

또한 실외에서 차고 건조한 바람을 받으며 일하는 사람은 습도와 온도가 적절히 유지되는 실내에서 근무하는 사람에 비해 입술에 문제가 생길 가능성을 많습니다.

입술이 트는 또 다른 이유 중에는 헤르페스 바이러스(Herpes

Virus)에 의한 경우도 있습니다. 이 바이러스는 평소에는 몸 안에 잠복해 있다가 겨울철에 피부가 건조해지고 각종 심리적 육체적 · 노동에 의해 몸이 피곤해지면서 입술이 부르트고 갈라지게 만듭니다.

이는 바이러스성 질환이므로 몸 안에 원인 바이러스가 완전히 제거되지 않는 한 완치될 수 없습니다. 충분한 휴식을 취하고 의사의 처방에 따라 바이러스를 억제하는 약을 바르거나 복용하면 증상이 호전됩니다.

♪♪ ♪ 쑥쑥 원 플러스 원!

양파를 까면 눈물이 나오는 이유는?

프로페닐스르펜산이라는 성분 때문입니다.
평소에는 분리되어 있다가, 썰거나 다질 때
합성되어 최루성 물질이 된다고 합니다.
물에 담갔다가 쓰거나 냉장고에
보관했다가 사용하면 훨씬
덜합니다.

자기부상열차는 어떻게 추진력을 얻을까요?

자석끼리의 반발력과 인력을 이용하여 추진력을 얻습니다.

열차에 추진력을 주는 것은 선형 유도모터라고 불리는 장치입니다. 먼저 열차의 아랫부분(혹은 양옆 부분)에 자석의 N극과 S극을 번갈아서 앞뒤로 배치합니다. 그리고 레일 위(혹은 열차의 양옆)에도 마찬가지로 자석의 N극과 S극을 번갈아서 배치합니다. 이때 열차에 설치된 자석이나 레일 위에 설치된 자석 중에서 어느 한쪽은 자석의 극성을 서로 바꿀 수 있도록 설계되어 있습니다.

열차에 설치된 자석은 뒤쪽에 있는 자석과는 반발력이, 앞쪽에 있는 자석과는 인력이 작용해 열차가 앞으로 전진합니다. 예컨대 열차에 붙은 S극 자석은 바로 앞의 N극에 의해 이끌리고 바로 뒤의 5극에 의해 떠밀리는 식입니다. 그다음 다시 앞쪽의 자석과는 인력, 뒤쪽의 자석과는 반발력이 작용할 수 있도록 자석의 극성을 바꾸면 열차는 계속 앞으로 전진하게 됩니다.

쑥쑥 원 플러스 원!

인공위성의 속도는 얼마나 될까?

지구의 표면 가까이에서 지면에 평행으로 매초 8km의 속도(제1우주속도)를 주면, 로켓은 지구 주위의 원궤도를 회전하는 인공위성이 되고, 속도를 그 1.41배인 11.2km (제2우주속도)로 하면 궤도는 포물선이 되어 로켓은 다시는 지구 가까이 돌아오지 않습니다. 이 11.2km의 초속이 지구의 탈출속도입니다. 지구 위에서 발사하여 태양 인력에서 벗어나 끝없는 방향으로 날아갈 수 있는 최소의 속도는 초속 16.7km(제3우주속도)입니다. 달 등의 다른 천체의 탈출속도는, 초속으로 달 2.4km, 화성 5.1km, 목성 61km, 토성 37km로 되어 있습니다. 또 지구 근방에서 42km의 초속이 있다면 태양계를 탈출할 수 있고, 태양의 탈출속도는 초속 617km입니다.

잠과 마취의 차이점은 무엇일까요?

부작용이 없는 마취의 경우, 마취에서 깨어난 환자들은 잠에서 깨어난 것과 비슷하다고 말합니다. 이로 보아 마취는 뇌의 활동측면에서 수면상태와 비슷하다는 것을 알 수 있습니다.

전신마취는 깊은 잠의 상태와 비슷하다고 하지만, 수면과 마취는 몇 가지 차이가 있습니다. 우선 전신마취는 마취제로 뇌의 작용을 억제해 뇌 기능을 일시적으로 마비시키기 때문에 의식이 없고 반사가 없는 것은 당연합니다. 깊은 마취상태에 있는 사람은 외적인 특징으로만 보면 깊은 수면 상태에 있는 사람과 구별하기 어렵습니다. 그러나 얕은 수면 상태에서는 자극이 주어졌을 때 통증·반사·의식·근육수축이 즉각적으로 나타납니다. 일반적인 잠의 상태는 의식이나 반사작용이 전혀 없는 마취상태와는 다르다는 것을 알 수 있습니다. 또한 국소마취나 얕은 마취의 경우는 뇌의 기능에 별 영향이 없이 특정부위 신경의 자극전

달 경로를 막는 것이기 때문에 의식은 완전히 깨어 있으면서 특정부위의 감각만 없어지게 됩니다.

뇌활동의 측면에서 보면, 마취상태는 수면상태와 더욱 확연히 구분됩니다. 수면 때의 뇌파는 마취상태의 뇌파와 완전히 다른 특징을 보입니다. 마취상태에서는 델타파를 주로 하는 매우 느린 뇌파가 검출됩니다. 그러나 잠을 자고 있을 때는 느린 알파파를 주로 하여 여러 굴곡이 나타나는 뇌파의 특징을 보입니다. 또한 수면상태의 하나인 렘 수면 상태에서는 일반적인 예상과 달리 뇌활동이 오히려 활발한 것으로 나타납니다. 꿈을 꾸는 것도 수면 중에도 뇌 활동이 매우 활발하게 계속된다는 것을 의미합니다.

이런 점으로 미루어볼 때, 마취는 육체적인 상태에서는 깊은 수면과 비슷하지만, 뇌 활동의 측면에서는 완전히 다른 상태입니다.

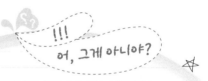
!!!
어, 그게 아니야?

잠을 많이 잘수록 피곤이 가신다고?

인간의 수면 시간은 개인마다 다릅니다. 하지만 개인이 평소에 취하던 수면 시간보다 더 오래 잠을 자고 난 뒤 피곤함을 호소하는 경우가 종종 있습니다. 이는 개인의 신체리듬이 깨져서 오히려 몸에 더 많은 부담을 주기 때문입니다. 특히 수면 중에는 호흡량이 평소보다 적어 몸에 이산화탄소 농도가 높아지는데, 과잉수면으로 이 농도가 적정수준 이상으로 올라가면 오히려 몸이 더 피로를 느낍니다.

잠잘 때 왜 코를 골까요?

보통 성인의 10~30%가 잘 때 코를 곤다고 합니다. 잠을 잘 때 코를 고는 것은 기도가 좁아져 억지로 숨을 쉬기 때문입니다. 코골이는 지구의 생물 중 거의 유일하게 사람에서만 있는 현상입니다. 코를 고는 것은 등을 바닥에 대고 자기 때문에 일어납니다. 반듯하게 누우면 입안의 혀와 입천장, 목젖 등이 뒤로 처집니다. 이 때 목젖 주위의 점막이 코에서 폐로 들어가는 강한 공기의 압력을 받아 떨려 소리가 납니다. 즉 코고는 소리는 코에서 나는 게 아닙니다.

코를 곤다는 것은 기도가 좁아져 있다는 신호입니다. 문제는 심한 경우 기도가 일시적으로 막혀 10초 이상 숨을 못 쉬게 된다는 점입니다. 이를 수면무호흡증이라고 합니다.

코고는 사람의 70~80%가 이런 증상을 보이는데, 수면무호흡이 한 시간 안에 20회 이상 발생하면 고혈압이나 뇌졸중과 같은 심혈계통질환의 발병률이 높아집니다. 특히 뇌졸중 환자의 60% 이상이 심각한 수면무호흡증을 앓고 있습니다. 이 경우 혈액의 산소량이 줄어 뇌에 산소공급이 떨어져 뇌졸중 증세가 더 악화될 수 있습니다.

쑥쑥 원 플러스 원!

사이다나 콜라를 따를 때
거품이 나는 이유는?

사이다나 콜라 등 청량음료는 단맛을 낸 물에 강한
압력으로 이산화탄소(CO_2)를 녹여서 만듭니다.
강한 압력으로 이산화탄소를 녹이면 보통 기압에서보다
훨씬 많이 녹습니다. 그러므로 콜라와 사이다 속에는 더 이상
녹지 않을 정도로 이산화탄소가 잔뜩 녹아 있습니다.
이런 상태에서 사이다나 콜라의 뚜껑을 열고 컵에 따르면
콜라나 사이다를 누르고 있던 압력이 갑자기 작아지므로
음료수에 녹아 있던 이산화탄소가 기체로 변하게
됩니다. 거품은 바로 이산화탄소가 기체로
변한 모습입니다.

적조 현상이란 무엇일까요?

적조란 미생물의 이상 증식 때문에 바닷물이 붉은 색으로 변하는 현상입니다. 강 하구 부근의 연안이나 조용한 만에서 주로 나타납니다.

생기는 원인은 주변에서 유입된 영양염류로 인해 규조류나 쌍편모조류 등의 플랑크톤이 갑자기 대량 번식하여 생기는 것입니다. 이때 바닷물의 색깔은 플랑크톤의 종류에 따라 적갈색·황갈색·황록색·암갈색 등을 띠는데, 규조류나 쌍편모조류 이외의 남조류·녹조류·유글레나·야광충 등에 의해서도 일어나므로 다양한 색상이 나타나게 됩니다. 대개 바닷물 1L에 플랑크톤이 1만 개 이상이면 물의 색깔이 변하게 되는데, 심할 경우 수백만~1억 개 정도가 될 때도 있습니다. 우리나라에서는 진해만·낙동강 하구·충무·인천·울산 연안 등지에서 자주 발생하고 있습니다. 식물성 플랑크톤은 점성이 있어 다량 증식하면 어패류의 아가미에 붙어 호흡을 방해함으로써 어패류를 죽게 합니다.

또한 플랑크톤이 죽어서 산화 분해될 때 발생하는 산소의 소비로 산소량이 부족해져 이로 인한 피해도 심각합니다. 적조의 원인 생물 중에는 독소를 분비하는 것들도 있어 이것에 오염된 어패류를 섭취한 사람에게도 큰 피해를 줍니다.

쑥쑥 원 플러스 원!

윤년을 4년에 한 번씩 두는 이유는?

보통 1년은 365일이지만, 4년에 한 번씩 2월이 29일로 그 해는 366일이 됩니다. 지구가 해 주변을 한 바퀴 도는 '공전주기'는 365일 5시간 48분 46초입니다. 365일하고 약 6시간인 셈입니다. 1년을 365일로만 계산해서 달력을 만들어 쓰면 예를 들어 춘분인 3월 21이른 1년 후에는 같은 춘분 3월 21일이라도 약 6시간 이전의 태양, 4년 후에는 하루 전의 태양, 100년 후에는 25일 전의 추운 날씨를 맞을 것입니다. 그래서 4년마다 1일을 넣어 지구가 완전히 태양을 돌 때까지 기다리는 것입니다.

전구 속 필라멘트는 왜 진공상태로 둘까요?

필라멘트는 텅스텐이나 니켈 따위로 만들어진 금속선입니다. 그런데 이 필라멘트의 속성 중 하나가 산소와 만나면 타버린다는 것입니다. 그래서 산소와 만나면 안 되니까 속을 진공으로 채우는 것입니다.

필라멘트 사이로 고열의 전기가 흐르게 되면 시간이 지나면서 높은 온도가 됩니다. 켜져 있는 전구를 만져보면 뜨거운 것을 알 수 있습니다. 필라멘트가 뜨거워지면서 전자와 광자를 방출하게 되고 결국은 빛을 보게 되는 것입니다. 그리고 또 만약 진공이 아니라면 공기, 즉 입자가 엄청난 열에 의하여 진동을 합니다. 움직임이 빨라지면 끝내 전구가 팡 터지고 맙니다.

하지만 백열전구의 내부는 진공이 아니라 불활성 기체를 넣어 열을 방열시키고 필라멘트를 산화하지 못하게 하는 역할을 해줍니다.

쑥쑥 원 플러스 원!

전구 속의 필라멘트가
타지 않는 이유는?

필라멘트는 일반 전선이 아니라 텅스텐이라는
금속입니다. 텅스텐은 저항이 매우 높아 전기가 흐를
경우 열과 빛이 발생합니다.
그것으로 조명효과를 내는 것이지요.
그렇지만 텅스텐은 녹는점이 매우 높아
보통의 열로는 녹지 않습니다. 또한 진공상태라서
연소가 쉽지 않습니다.
텅스텐은 우리나라에서도 생산하다가 요즘은
모두 수입에 의존하고 있습니다.

전자레인지는 어떻게 음식을 익힐까요?

전자레인지를 켜는 스위치는 라디오 방송과 레이더에 사용하는 것과 동일한 주파수로 진동하는 강력한 자장 스위치입니다. 자장 속의 극초단파는 음식물 속의 물분자를 1초에 25억 번 진동시킴으로써 음식을 신속하게 익힙니다.

전자레인지에서 방출하는 모든 에너지는 음식물에만 흡수되고 주변의 공기나 전자레인지의 몸체는 가열하지 않습니다. 그러므로 음식물이 익는 시간이 훨씬 빠르고 전통적인 요리 방법보다 경제적입니다. 도자기나 유리 같은 물질로 이루어진 그릇은 레인지 안에서 자장의 에너지를 흡수하지 않기 때문에 극초단파 에너지는 그릇을 가열시키지 않습니다. 전자레인지에서 꺼낼 때 그릇이 차지 않은 것은 음식물에 의해 데워졌기 때문입니다.

도자기와 유리 외에도 플라스틱이나 판지·종이와 같은 물질로 된 용기도 전자레인지 안에서 사용할 수 있습니다. 또 극초단파를 모두 통과시키는 특수 용기도 개발되었습니다. 금속 그릇은 극초단파를 통과시키지 않고 반사하기 때문에 사용해서는 안 됩니다. 음식물을 알루미늄박에 싸서 넣는 일이 있는데 이것은 절대 금물입니다. 목재 그릇도 전자레인지에 쓰지 않도록 주의해야 합니다. 목재는 다소의 습기를 함유하고 있어 열을 받았을 때 갈라질 수 있기 때문입니다.

쑥쑥 원 플러스 원!

전자파가 우리 몸에 해로운 이유는?

전자파는 전기와 자기의 흐름에 의해 발생하는 일종의 전자기 에너지입니다. 보통 가전제품이나 송전선 같은 곳에서 발생하기도 하지만 자연계, 즉 태양이나 지구와 같은 곳에서도 발생합니다. 전자파는 적외선·자외선·가시광선·마이크로파·X선 등으로 나누는데, 우리 생활에 없어서는 안 될 소중한 존재이면서 직접 쏘이면 매우 해로운 것도 있고, 또 그 에너지가 매우 작아서 전혀 해롭지 않은 것도 있습니다. 요즘 전자파 유해 논란이 치열한 이유는 가정용 전자제품들이 많아졌기 때문입니다. 유해성에 대해서는 확실한 결론이 내려지지 않았습니다. 그래서 전자파를 막을 수 있는 제품 개발에 더욱 힘쓰고 있습니다.

전철에서 정지할 때 왜 몸이 앞으로 쏠렸다 뒤로 갈까요?

빠른 속도로 달리던 전철이 설 때, 일단 사람들의 몸은 앞으로 모두 쏠립니다. 그 이유는 바로 관성 때문입니다. 관성이란 모든 물체가 그대로 자신의 성질을 유지하려는 힘입니다. 달리고 있다면 계속 달리고 싶어하는 성질을 말합니다.

그런데 여기에 방해하는 힘이 작용합니다. 바로 마찰력인데, 이 마찰력은 관성을 방해하는 힘이랍니다. 그래서 전철에서 사람들이 앞으로 쏠리긴 했지만, '관성의 법칙'에 의해서 계속 앞으로 쭉 나가기는커녕 앞으로 쏠렸다가 다시 뒤로 돌아오게 되는 것입니다.

마찰력이 생기는 이유는 사람이 전철에 발을 밟고 서 있기 때문입니다. 발바닥과 전철 바닥의 마찰력 때문에 앞으로 쏠리다가도 뒤로 돌아오는 것입니다. 발바닥 그 자체에 마찰력은 없어도 사람의 무게가 발바닥에 힘을 주기 때문에 마찰이 생깁니다.

즉, 사람의 무게에 의해서 사람의 발바닥과 전철 바닥 사이에 생기는 마찰력이 커져서 관성의 법칙대로라면 계속 앞으로 가야하는데 다시 뒤로 오게 됩니다.

뒤로 돌아오는 원인 중에는 평형감각과도 관련이 있습니다. 사람은 원래 균형을 유지하려는 본능이 있기 때문에 조금 흔들거리거나 삐끗했다 하더라도 안 넘어지고 버티는 것입니다. 앞으로 쏠렸던 몸을 균형을 잡기 위해 본능적으로 뒤로 몸을 당기는 것이지요.

쑥쑥 원 플러스 원!

밀물과 썰물이 생기는 까닭은?

지구에 중력이 있듯이 달에도 지구보다는 작지만 중력이 있습니다. 달의 중력으로 인해 지구의 바닷물이 끌려가거나 혹은 되돌아오거나 하는데 이것 때문에 밀물과 썰물이 생기는 것입니다.

좌뇌와 우뇌가 하는 일은 어떻게 다를까요?

대뇌는 좌뇌와 우뇌로 나누어져 있습니다. 각각 반대편에 있는 몸의 지각과 운동을 담당하고 있습니다. 즉 좌뇌는 몸의 오른쪽을, 우뇌는 몸의 왼쪽을 맡고 있습니다.

좌뇌는 언어의 뇌로서 언어중추가 자리 잡고 있습니다. 좌뇌가 발달하면 언어 구사 능력 · 문자나 숫자 · 기호의 이해 · 조리에 맞는 사고 등 분석적이고 논리적이며 합리적인 능력이 뛰어납니다. 일반적으로 아이들은 성장하면서 좌뇌를 많이 개발하게 됩니다.

우뇌는 이미지 뇌라고도 합니다. 그림이나 음악 감상 · 스포츠 활동 등 단숨에 상황을 파악하는 직관과 같은 감각적인 분야를 담당합니다. 또한 우뇌의 패턴 인식력이란 기억을 이미지화하여 머릿속에 저장했다가 필요할 때 꺼내 쓰는 능력을 말합니다. 아기가 부모와 남을 구별할 수 있는 것은 이 능력 때문입니다. 공간 인식 능력은 사물의 공간적 위치를 판단하고, 행동을 계획하는 능력을 말합니다. 예를 들어 미로에 빠졌을 때 목적지를 찾아낼 수 있는 것은 바로 이 능력 때문입니다.

이렇게 좌뇌와 우뇌가 하는 일에는 차이가 있지만 서로 연결되어 있어 정보를 교환하면서 공동 작업을 하고 있습니다.

!!!
어, 그게 아니야?

뇌세포는 절대로
재생이 안 된다고?

뇌 세포는 사람이 태어날 때 생겨난 그 숫자만큼만
가지고 평생 살아간다.?는 신경 독트린(Neural Doctrine)은
신경해부학의 대부로 통하는 산티아고 라만 칼할 박사의
주장입니다. 거의 정설처럼 굳어져 뇌 세포는 태어나자마자
서서히 숫자가 줄어든다고 많은 사람들이 믿어 왔습니다.
그러나 이 주장은 사실이 아님이 밝혀졌습니다. 뇌신경
줄기세포의 수는 비록 적지만 뇌를 다쳤을 경우,
어느 정도 자연치유력을 가지고 있다고 볼 수
있습니다. 즉, 뇌 세포는 새로
생성될 수 있습니다.

104

주사는 왜 엉덩이에 맞을까요?

주사는 약제의 효과를 정확하고 빠르게 얻기 위한 경우나 입으로 약제를 투여하기 어려울 때 이용합니다. 주사는 약이 투입되는 위치에 따라 표피와 진피 사이에 소량을 주사하는 피내주사와 진피 아래 피하지방에 주사하는 피하주사, 팔이나 엉덩이의 근육에 놓는 근육주사, 그리고 혈관에 직접 주사하는 정맥주사 · 동맥주사 등으로 구분합니다.

엉덩이에 맞는 주사는 대부분 근육주사이며, 팔에 맞는 주사는 피하주사나 근육주사입니다. 근육에는 혈관이 풍부하므로 근육주사는 피내주사나 피하주사에 비해 흡수 속도가 빠릅니다. 같은 근육주사라도 팔보다는 엉덩이 쪽이 근육이 많아 약의 흡수가 빠릅니다. 이 때문에 병원에서는 대개 엉덩이에 주사를 놓습니다. 하지만 학교나 보건소에서 단체로 예방접종을 할 때는 편의를 위해 팔에 놓는 것입니다. 그리고 주사를 놓을 때 힘을 주

지 말라는 것은 근육이 경직되면 바늘을 꽂기가 더 어렵기 때문
입니다.

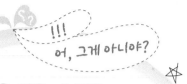

!!! 어, 그게 아니야?

밥을 먹을 때 물을
많이 먹으면 좋다고?

아닙니다. 음식을 먹을 때 되도록 물을 먹지 않는
것이 좋습니다. 위에서는 위액이 흘러나와 음식물을
소화시키고 쓸개즙과 이자액도 도와주게 되는데, 이때 물을
많이 먹게 되면 액들이 희석되어서 소화가 잘 되지 않습니다.
그래서 밥을 먹을 때 물을 많이 먹으면 왠지 뱃속이 더부룩하
고 잘 소화가 되지 않는 듯 느껴지게 되지요. 식사 중에
약 두 모금 정도, 음식물 섭취 후에 조금 더 많이 먹고
약 한 시간 뒤에 1컵쯤 마시는 것이 좋으며,
그 이외의 시간에는 물을 자주 먹는 것이
좋습니다.

105

지구가 도는데도 왜 아무도 안 떨어 질까요?

지구의 중력이 잡아당기고 있어서 그렇습니다. 지구를 포함하여 모든 행성들은 중력이 중심으로 작용합니다.

지구 반대편에 있는 사람도 아래에 있는 것이 아니고 어느 누구나 위에 있는 것으로 느낍니다. 그래서 바닷물도 그대로 있는 것입니다. 아래는 지구의 중심이 되니까요. 지구도 태양의 인력에 의하여 멀리 달아나지 않고 항상 태양의 주위를 돌고 있습니다.

모든 천체는 만유인력의 법칙에 의하여 항상 균형을 이루고 어느 한 행성을 중심으로 해서 도는 형태로 되어 있습니다.

지구를 중심으로 달이 돌고 있고 태양을 중심으로 태양계의 모든 행성들이 돌고 있고, 또 태양계는 또 다른 무엇을 중심으로 또 돌고 있고 이렇게 모든 천체가 그 무엇을 중심으로 돌고 있다는 것입니다. 그렇지 않다면 균형이 깨져서 모든 것이 엉망이 되어버릴 것입니다.

그러나 천체는 질서 정연하게 규칙적으로 잘 돌아가고 있습니다. 그래서 지구반대편에 있는 사람이나 바닷물도 모두 그대로 지구에 붙어 있습니다. 아래는 지구 중심이고 위는 우주가 되니까요.

쑥쑥 원 플러스 원!

새 집에서 두통이 생기는 이유는?

새집 증후군 때문입니다. 화학 약품을 많이 쓴 건축자재에서 사람들에게 알레르기 반응(두드러기나 기침)을 일으킬 수 있는 나쁜 물질이 나온답니다. 가령 시멘트나 마룻바닥 접착제나 페인트 등에서 몸에 해로운 것들이 많이 나오지요. 천연 페인트를 이용한다거나 실내를 자주 환기시켜주고 습도 등을 조절해주면 괜찮다고 합니다. 심각한 알레르기나 두통을 일으키시는 분들은 치료를 받아야 합니다.

지구의 산소는 왜 없어지지 않을까요?

현재 세계의 인구는 약 63억 명을 웃돌고 있습니다. 계속 인구가 늘어난다면 언젠가 인류는 공기 부족으로 멸망하지 않을까 하는 걱정이 되기도 합니다.

그런데 이것은 쓸데없는 걱정에 불과합니다. 그러면 지구에는 얼마나 많은 공기가 있을까요? 공기의 무게는 1세제곱미터당 약 1.25 킬로그램중입니다.

사람이 1년 동안 마시는 공기의 양은 35만 세제곱미터입니다.

그러므로 계산해 보면 공기는 약 12조 3천억 명의 인구가 1억 년 동안 숨쉴 수 있는 양이 있습니다.

그런데 실제로는 사람이 숨쉬는 공기의 양은 지구상에 있는 식물의 광합성에 의해 거의 같은 양만큼 생산됩니다. 즉 인구가 늘어 호흡에 의한 산소 소비량이 늘고 이산화탄소의 양이 늘면 식물의 광합성률도 그 이산화탄소가 늘어난 양만큼 증가합니다.

따라서 태양 광선이 계속 지구를 내리쬐고, 그 광선에 의해 지상의 식물들이 광합성을 계속하는 한 공기 부족으로 인류가 멸망할 염려는 전혀 없습니다.

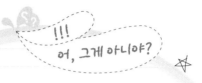

!!!
어, 그게 아니야?

열기구가 하늘을 나는 원리는?

공기의 순환을 사용해서 만든 것입니다.
온도가 높은 것은 올라가고 온도가 낮은 것은
내려오는 성질이 있는데, 바로 이 원리를 이용한 것입니다.
열기구의 풍선 안에 공기를 가열해 줌으로써 공기는
팽창하게 되고, 또 주변의 공기보다 뜨거워지기
때문에 하늘로 올라갈 수 있는
것입니다.

진찰할 때 의사는 왜 혀를 볼까요?

혀의 점막에는 작은 침샘이 있어 혀의 표면을 끊임없이 적시고 있습니다. 그러므로 건강한 사람의 혀는 윤이 나며 촉촉합니다. 건강이 좋지 않은 사람은 혀의 표면에 생기는 이끼 모양의 설태가 심하게 낍니다.

혀는 인체의 장기 중 심장이 관리하는 주요한 부위이기 때문에 병이 났을 때 의사는 혀를 봅니다. 혀의 색이 연분홍색이면 일단은 건강하다는 뜻이기도 합니다. 또 간의 기능에 이상이 있으면 혀의 테두리가 각이 지고 비장이나 위장의 상태가 나쁠 때는 혀에 백태가 끼기도 합니다. 열 기운이 있으면 혀가 갈라지기도 합니다.

또 혀에는 맛을 느끼는 유도관이 있어 혀에 윤기가 없으면 건강이 이상이 있다는 뜻이고 혀밑의 굵은 핏줄을 보고 동맥경화증도 판단합니다.

혀를 진찰하는 것을 설진이라고 합니다. 질병에 따라서 혀에 여러 가지 이상이 나타나기 때문에 여러 모로 진단에 도움이 됩니다.

🎵 쑥쑥 원 플러스 원!

혀를 보고 알 수 있는 병의 종류

가장 많이 보이는 것이 설태입니다. 소화기에 탈이 났을 경우에 나타납니다. 백색을 띤 것이 많고, 때로는 황색을 띠는 경우도 있습니다. 설태가 흑갈색이고 혀가 마르고 균열이 생기며, 구취가 심한 경우는 티푸스가 의심됩니다. 또 혀의 표면이 딸기처럼 보이는 딸기혀는 성홍열의 독특한 증세입니다. 빈혈일 경우에는 혀의 붉은 기가 적어지고 짠것이 스며들거나 염증을 일으키기도 합니다. 뇌졸중인 경우에는 마비가 일어나는 쪽으로 혀가 굽습니다. 또 혀 앞쪽에는 설암이 생기기 쉽고, 맛을 알지 못하는 미맹도 있습니다. 혀를 사용하는 발음이 제대로 되지 않는 것에는 뇌출혈·뇌졸중이 있습니다.

짠 바닷물을 먹어도 될까요?

바닷물은 짠 것은 바닷물 속의 소금 성분 때문입니다. 뜨거운 한여름의 바다에 표류하는 사람은 아무리 심한 갈증에 시달린다 하더라도 주변의 바닷물을 마실 수가 없습니다. 우리 몸의 세포에는 적당량의 무기 염류가 있어 세포의 삼투압과 PH를 유지시키고 있는데 그 농도는 약 0.9%가 됩니다. 그러나 바닷물의 무기 염류 농도는 약 3%나 됩니다.

바닷물 속에 들어 있는 여러 가지 성분들은 대부분 육지의 암석이나 광물 성분이 물에 녹아서 흘러간 것입니다. 육지의 물이 계속 바다로 흘러가므로 바닷물 속의 소금 성분이나 다른 성분의 양이 증가할 것 같지만 그렇지 않습니다. 바닷물 속에서 침전 작용이 일어나기도 하고 바다 생물이 흡수하기도 하기 때문에 바닷물 속의 성분은 거의 일정하게 유지되고 있습니다.

바닷물을 마시면 혈액 중의 무기 염류 농도가 세포액의 농도보다 진해져 세포로부터 혈액이나 림프로 물이 빠져 나오게 됩니다. 그 결과 혈액의 양이 많아지게 되고, 신장은 혈액의 농도를 일정하게 유지하기 위해 염류나 물을 배출시키지만 겨우 2% 정도의 염류만을 배출할 수 있을 뿐입니다. 그러므로 마신 바닷물보다 더 많은 오줌을 배출해야만 합니다. 결국 마신 바닷물보다 더 많은 양의 물이 조직 세포로부터 빠져나오게 되어 결국 탈수 현상을 일으켜 죽게 됩니다.

쑥쑥 원 플러스 원!

눈물이 바닷물처럼 짠맛이 나는 이유는?

눈물에는 염분이 함유되어 있습니다.
눈물은 약 0.9%가 소금으로 이루어져 있고 이 맛을
없애기는 어렵습니다. 이 약한 소금이 눈을 소독해
주는 역할도 담당하고 있습니다. 하품할 때 나오는
눈물도 눈을 소독해 주기 때문에 가치 없는
눈물은 아닙니다.

철새는 왜 V자형으로 날아갈까요?

철새가 V자를 그리는 이유는 위로 뜨는 힘인 양력을 받기 위해서입니다.

먼 거리를 날아가는 철새들에게는 에너지를 줄이기 위해 작은 날 갯짓으로 공중에 떠 있는 것이 무엇보다 중요합니다. 맨 앞에서 날 갯짓하는 철새에 의해 공기 중에 보텍스(나선 구조)가 형성됩니다.

이 보텍스는 철새 날개 바깥쪽 부근에서 공기의 흐름을 위로 올라가게 합니다. 그러면 공기가 위로 올라가는 위치에 있는 뒤쪽의 철새는 보다 작은 날갯짓으로 하늘에 떠 있을 수 있습니다.

같은 방식으로 그 다음에 있는 철새도 앞에 날아가는 철새의 바깥쪽에 위치합니다. 그래서 전체적으로 V자를 그리게 됩니다. 철새들은 긴 거리를 나는 동안 힘이 덜 드는 배열을 파악해 날고 있는 것입니다.

비행기가 착륙을 할 때도 비행기 날개에 의해 이와 유사한 형태의 보텍스가 생깁니다. 이 보텍스는 매우 강한 크기인데 비행기가 착륙한 이후에도 얼마동안 남아 있게 됩니다. 뒤이어 착륙하는 비행기가 우연히 앞 비행기의 보텍스 중심을 뚫고 지나가게 되면, 한쪽에서는 위로 뜨는 힘을, 다른 한쪽에서는 아래로 가라앉는 힘을 받게 되어 비행기가 뒤집힐 수 있습니다. 그래서 모든 비행장에서는 보텍스에 의한 불의의 사고를 대비하기 위해 비행기들의 착륙에 시간차를 두고 있습니다.

♪♪ ♪ 쑥쑥 원 플러스 원!

물에 젖은 양말이
잘 벗겨지지 않는 이유는?

마른 장갑이나 양말은 실이 느슨하게 짜여 있어 손이나 발에 대한 부착력이 아주 작기 때문에 쉽게 벗겨집니다. 그러나 젖은 장갑이나 양말은 물의 표면장력에 의해 실이 빳빳해지고 또한 물이 장갑이나 양말을 손이나 발에 풀처럼 딱 들어붙게 하기 때문에 쉽게 벗겨지지 않습니다. 발을 금방 씻은 후 양말이 잘 신겨지지 않는 것도 바로 이런 원리입니다. 발을 금방 씻은 후에는 우리 눈에 보이지 않는 작은 물방울들이 들러붙어 있어 이런 물방울들이 양말을 끌어당기기 때문에 양말이 잘 신겨지지 않는 것입니다.

체온계는 왜 털어서 사용할까요?

보통 온도계는 등유를 이용하는 것으로 붉은 기둥의 단면적이 일정합니다. 그러나 체온계는 수은기둥 끝에 잘록한 부분이 있습니다. 온도가 올라갈 때는 수은이 팽창하므로 잘록한 부분 아래의 수은이 쉽게 올라갈 수 있지만 온도가 내려가면 잘록한 부분 위의 수은기둥이 아래로 떨어질 만큼 충분히 무겁지 않습니다.

그래서 체온계를 잘 털어 주어야만 수은이 잘록한 부분 아래로 내려가는 것입니다. 그리고 체온계의 눈금은 42도까지만 표시되어 있습니다. 그 이유는 인간은 정온동물로서 42도가 넘기 전에 사망에 이르기 때문입니다.

체온계 끝을 잘록하게 만든 것은 정확한 체온측정을 위해서입니다. 만약 체온계 끝이 잘록하지 않으면 환자의 몸에서 체온계를 떼자마자 공기 때문에 곧바로 눈금이 내려가게 됩니다. 이렇게 되면 체온계를 환자 몸에서 뗀 시간에 따라 체온이 달라지게 되어 정확한 체온을 알 수 없게 됩니다. 환자 몸에서 간호사나 보호자의 눈앞까지의 짧은 거리를 지나는 동안에도 눈금이 낮아질 수 있기 때문에 이를 방지하기 위해 체온계는 일반 온도계와는 다른 구조로 만들어진 것입니다.

!!!
어, 그게 아니야?

코피가 날 때 얼른
고개를 뒤로 젖혀야 한다고?

아닙니다. 코피를 빨리 멎게 한다고 해서 뒷덜미를 툭툭 치는 경우가 있는데 이는 대단히 위험한 행동입니다. 또 머리를 뒤로 젖히거나 콧구멍을 솜이나 휴지로 틀어막게 되면 이미 출혈된 코피가 나오지 못하고 코안으로 역류되어 고이거나 콧속에서 그대로 마르기 때문에 비염이나 축농증의 원인이 됩니다. 또 심하면 만성 두통으로 고생하게 되므로 그냥 흘러나오게 하는 것이 좋습니다. 일단 코피가 나면 콧망울을 누르거나 콧등을 엄지와 검지손가락으로 1~2분 압박해 주고 목 뒤의 머리털이 끝나는 부위를 누르면 바로 멎습니다.

추울 때는 왜 입에서 김이 나올까요?

입에서 나오는 더운 김은 숨을 내쉴 때 입속의 수증기가 밖의 낮은 기온에 의해 열을 잃어 액체화된 상태입니다. 수증기 자체는 보이지 않습니다. 액체이긴 하지만 그 자체는 너무 작아서 물 같지 않은 것입니다. 몸속에 들어갔다 입에서 나오는 공기에는 많은 수분이 포함되어 있습니다.

보통 날씨가 따뜻하게 되면, 즉 주변 공기의 온도와 인체의 온도와의 차이가 많이 나지 않게 되면 이 수증기는 대기 중으로 그냥 퍼지게(확산) 됩니다. 하지만 날씨가 추워져서 주변 공기와의 온도 차이가 커지게 되면 바깥으로 나온 수증기는 입자가 응축하면서 미세하게 물방울이 만들어지게 됩니다. 그러한 물방울들이 눈에 보이게 되면 이것이 입김입니다.

보통 새벽이 되면 훨씬 기온이 내려가므로 공기 중의 수증기가 응축하면서 물체에 달라붙는 것이 아침에 보이는 것입니다. 또 이것이 겨울이 되면 응축하다 못해 얼어버리므로 서리가 되는 것입니다. 또 여름이면 시원한 물잔에 시간이 지나면서 물방울이 맺히는 현상을 볼 수 있습니다. 이것도 같은 원리랍니다.

쑥쑥 원 플러스 원!

추운 날 화장실에
자주 가는 이유는?

추우면 땀이 흐르지 않기 때문에 소변으로만 배설되기 때문입니다. 인체의 배설은 땀과 소변의 두 가지 종류가 있는데, 겨울에는 땀이 흐르지 않기 때문에 소변으로만 배설을 합니다. 마찬가지로 여름에는 땀으로 대부분의 배설이 이루어지기 때문에 한여름에 바깥에서 일하는 분들은 소변도 거의 안 보신다고 합니다. 또한 겨울에는 몸 안에 축적된 에너지를 가지고 열을 만들어내야 하기 때문에 신진대사를 위해서 물을 계속 사용해야 합니다. 따라서 다른 계절에 비해서 소변을 자주 보게 되는 것입니다.

112

춘곤증은 왜 생길까요?

춘곤증은 겨울 동안 움츠렸던 인체의 신진대사 기능이 봄철을 맞아 활발해지면서 생기는 일종의 피로 증세로 자연스러운 생리 현상입니다. 봄이 되면 활동량이 늘고 낮이 길어지면서 잠자는 시간은 줄어들게 되어 적응하지 못해 피곤해집니다.

춘곤증의 원인은 여러 가지가 있습니다. 대체로 겨울 동안 신선한 과일과 야채의 섭취가 부족하여 비타민 결핍의 초기 증세로 춘곤증이 나타납니다. 겨울에 우리 인체는 피로 회복과 관계되는 비타민 A, D와 C가 주로 소모됩니다. 비타민 A, D가 피부의 지방막과 기관지 점막의 보호를 위해 너무 지나치게 활용되었고, 비타민 C는 겨울철 스트레스에 대응하고 체내 방어력을 증강시키기 위한 면역 물질을 만드느라 너무 많이 소모해 버렸기 때문입니다.

겨울 동안의 운동 부족은 몸 전체의 대사를 떨어뜨리고 원활한 혈액 순환을 방해하여 뇌로 운반되는 산소를 감소시키기 때문에 춘곤증의 원인이 될 수 있습니다. 저혈압이나 빈혈이 있는 경우, 춘곤증은 더욱 심하게 나타날 수 있지요.

사람이 자고 깨며 활동하는 리듬을 유지하기 위해서는 적절한 호르몬의 변화가 필수인데 봄철에 낮이 점점 길어지면서 멜라토닌 등 몸의 각종 호르몬 분비의 불균형이 원인이 될 수도 있습니다. 봄철에는 이러한 일조시간의 변화가 일종의 시차를 일으켜 적응이 되는 시기까지 나른하고 피곤함을 느끼게 하는 것입니다.

또 봄철에는 입학·졸업, 새 학기의 시작·취직·개업·승진·이사 등의 행사가 많이 집중되어 있어서 여러 가지 긴장이나 스트레스를 유발하여 춘곤증의 원인이 될 수도 있습니다.

쑥쑥 원 플러스 원!

춘곤증을 예방하려면?

춘곤증을 예방하고 치료하기 위해서는 충분한 영양섭취와 수면, 규칙적인 생활과 적절한 운동이 필수적입니다. 춘곤증에는 양보다 질을 생각한 식사를 고려해야 합니다. 과식을 하면 소화기관으로 혈액이 몰려 뇌로 가는 혈액량이 줄어들게 되고 따라서 뇌의 산소 공급량이 줄어들어 졸음이 오기 때문에 적게 먹는 것이 좋습니다. 그러나 비타민의 공급은 충분해야 하므로 질적으로는 우수한 식사를 해야 합니다. 다시 말하면 반찬은 여러 가지를 골고루 많이 먹고 밥은 적게 먹는 것이 좋습니다.

113

컴퓨터의 구조는 어떻게 되어 있을까요?

요즘은 초등학생들도 컴퓨터를 다루지 못하는 아이는 없을 것입니다. 컴퓨터는 전자회로를 이용하여 수치계산이나 논리연산을 하는 기계입니다. 이용자가 명령하는 프로그램에 의해서 데이터를 입력 · 처리 · 저장 · 검색하여 결과를 출력하는 전자장치를 가리킵니다. 초기의 컴퓨터는 계산만 할 수 있었지만, 오늘날은 계산과 함께 대량의 자료를 저장하고 찾으며 사무처리 등 다양한 업무처리를 자동으로 해줍니다.

컴퓨터의 구조는 기본적으로 모니터와 본체 · 마우스 · 키보드로 이루어져 있습니다. 컴퓨터 안의 구조는 메인보드(Mainboard)와 램(Ram) · 그래픽(VGA) 카드 · 랜(Lan) 카드 · 중앙처리장치(CPU) · 배터리 · 시디롬 · 플로피 디스켓 등으로 구성되어 있습니다. 데이터를 표현하는 방법에 따라 컴퓨터는 디지털 컴퓨터 · 아날로그 컴퓨터 · 하이브리드 컴퓨터로 나눕니다.

디지털 컴퓨터는 실제 숫자나 수치적으로 코드화한 문자의 표현으로 이루어진 자료를 처리하는 컴퓨터입니다. 일반적으로 컴퓨터라고 하면 디지털 컴퓨터를 말합니다. 아날로그 컴퓨터는 길이·전압·전류 등과 같은 연속적인 양의 자료를 즉시 처리하는 컴퓨터입니다. 저장기능이 없고 정밀도에 있어서 디지털 컴퓨터보다 떨어집니다. 하이브리드 컴퓨터는 아날로그 기능과 디지털 기능을 하나의 컴퓨터 시스템에 혼합한 형태의 컴퓨터입니다.

쑥쑥 원 플러스 원!

컴퓨터 모니터와
텔레비전의 모니터의 다른 점은?

크게 두 가지의 차이가 납니다. 먼저 텔레비전은
방송전파를 수신해서 그것을 화상과 음성으로 바꾸는
장치를 포함해야 하는 반면, 컴퓨터 모니터는 그런 장치를
필요로 하지 않는다는 차이가 있습니다. 또 다른 차이는
해상도에 있습니다. 텔레비전은 화면의 크기에 관계없이
주사선의 수가 일정합니다. 반면에 컴퓨터 모니터는 화면이
커지면 그에 비례해서 주사선의 수도 많아져야 합니다.
텔레비전은 화면의 크기가 커짐에 따라 값이 그다지
차이가 나지 않는 반면, 모니터는 화면의 크기가
조금만 커져도 값이 아주 비싸지는 것은
그 이유 때문입니다.

114

콩나물을 삶을 때 뚜껑을 열면 왜 비린내가 날까요?

콩나물은 열에 매우 약한 식품입니다. 그래서 잘못 요리하면 비린내가 나기 쉽습니다. 그 이유는 열에 약한 콩나물 안에서 '리폭시게나제'라는 이름의 효소가 밖으로 빠져나오기 때문입니다. 콩나물국을 끓일 때 끓기 전에 뚜껑을 열면 비린내가 나는 것도 이 때문입니다.

콩나물의 비린내를 없애는 방법은 소금을 넣은 뒤 뚜껑을 닫고 끓이는 것입니다. 그 이유는 순수한 물은 100℃에서 끓지만 소금이 들어가면 100℃보다 높은 온도에서 끓기 때문입니다. 즉, 뚜껑을 열었을 때보다 높은 온도가 유지되어 효소가 빠져나오지 않아 비린내가 나지 않는 것입니다.

그런데 소금을 넣지 않아도 물이 끓을 때까지 뚜껑만 열지 않으면 비린내는 안 납니다. 아예 뚜껑을 처음부터 열고 끓이는 것도 한 방법입니다. 뚜껑을 처음부터 열고 끓이면 효소가 공기 중으로 휘발되어 버리기 때문에 비린내가 나지 않지만, 뚜껑을 덮고 끓이다가 물이 끓기 전에 열어버리면 냄비 속에 갇혀 있던 효소가 공기 중으로 급격히 빠져 나가기 때문에 비린내가 나는 것입니다.

쑥쑥 원 플러스 원!

탄산음료를 마실 때
톡 쏘는 이유는?

콜라나 사이다를 마실 때 입안에서 톡 쏘는 느낌을
받는 것은 이산화탄소가 기화되어 날아가기 때문입니다.
탄산 음료수에는 강한 압력으로 인해 이산화탄소가 녹아
있습니다. 압력이 높으면 기체의 용해도가 높습니다.
콜라 페트병을 처음에 따면 '치…' 소리가 나는데 그때부터
압력이 줄어들어 탄산 음료수 안의 이산화탄소가 나오게
되는 것입니다. 뚜껑을 따기 시작할 때부터 기체가 되어
날아갑니다. 실제로는 뚜껑이 닫혀 있을 때도 조금씩
새서 날아간답니다. 캔 음료가 페트보다 비싼
이유는 그만큼 날아가는 이산화탄소 등을
더 많이 잡아줄 수 있기
때문입니다.

태양의 온도는 어떻게 잴까요?

태양의 온도는 약 6,000도 정도 된다고 합니다. 온도계를 가지고 측정한 것이 아니라 태양으로부터 나오는 빛의 스펙트럼을 분석함으로써 추정한 것입니다.

태양을 비롯한 별의 표면온도를 아는 방법은 여러 가지입니다.

별빛을 스펙트럼을 통해 보면 연속 스펙트럼 사이사이에 별마다 다른 흡수선 모양을 띠게 됩니다. 그 모양에 따라 O, B, A, F, G, K, M형으로 나누는데 각각의 형마다 표면온도가 다릅니다. 태양은 G형으로 G형은 약 4,000~6,000도 정도입니다.

또 항성 대기의 온도에 따라 스펙트럼에 나타나는 흡수선의 형태가 달라진다는 점을 이용하면 표면의 온도를 추정할 수 있습니다. 흡수선은 기체가 에너지를 흡수해서 들뜬 상태가 될 때 나타납니다.

그런데 표면 온도가 2만 5천K 이상인 항성은 항성의 바깥층이 거의 완전히 이온화되어 버려 스펙트럼에서 흡수선을 찾아볼 수 없고, 1만 도 이하의 항성에서는 온도에 따라 다양한 형태의 흡수선이 나타납니다. 이로부터 태양과 같이 표면이 노란색을 띠는 항성은 표면 온도가 6,000도 내외라는 사실을 추정해 낸 것입니다.

♬ ♪ ♪ 쑥쑥 원 플러스 원!

별들이 각각 색깔이 다른 이유는?

별은 태양처럼 스스로 빛을 내는 항성입니다.
태양도 하나의 별입니다.
빛을 낼 때 각각의 별의 표면온도에 따라 별이 보이는 색이 달라집니다. 가스레인지에 불을 켰을 때 온도에 따라 불이 다른 색깔로 보이는 것과도 같은 이치입니다. 표면온도가 높은 별일수록 파란색 빛을 낸답니다.

116

태양은 공기가 없는 우주에서 어떻게 불꽃을 낼까요?

태양을 비롯해서 스스로 빛을 내는 별들을 항성이라고 부릅니다. 그런 항성들이 빛을 내는 원리는 핵융합 반응입니다.

항성 내부에 있는 수소와 같은 가벼운 원소의 핵이 녹아서 합쳐지면서, 그보다 무거운 헬륨과 같은 원소로 변하는 과정을 말합니다.

그렇게 계속 핵 내부에 있는 수소를 태우며 에너지를 발산하다 보면 항성 내부에는 수소는 줄어들고 헬륨과 같이 무거운 원소들이 생겨납니다.

이런 반응이 계속 되풀이되면 중심부의 핵융합반응에 의한 별 자신의 무게로 인해 별들이 수축을 시작합니다. 이것을 중력수축이라 부릅니다. 이런 식으로 계속 별은 진화를 해나가는 것입니다.

이 진화의 마지막 부분은 별의 내부의 연료를 사용할 때로, 사용한 뒤 굉장히 무거운 원소들로 이루어진 핵(Fe:철)을 가지게 된다면 그 별의 수명은 다한 것입니다.

별의 크기에 따라 백색왜성이 될 수도 있고 행성상 성운같이 엄청나게 부풀었다가 흩어지고 말 수도 있습니다.

쑥쑥 원 플러스 원!

오로라는 왜 극지방에서만 볼 수 있을까?

태양에서는 빛 외에도 수많은 입자(태양풍)들을 내보냅니다.
이 수많은 입자(전기를 띠고 있음)들이 지구 자기권에 끌려서 지구의 양극으로 쏟아지게 됩니다.
이때 지구 대기권의 기체 입자들과 부딪쳐 빛에너지가 발생합니다.
이 빛에너지가 바로 오로라입니다.

태풍은 왜 생길까요?

나무들을 무자비하게 쓰러뜨리고 지붕을 날리는 등 태풍의 파괴력은 엄청납니다. 태풍 하나의 에너지는 일본의 히로시마에 투하된 원자폭탄 10만 개분의 힘과 맞먹습니다. 태풍은 수온이 섭씨 27도 이상일 때의 따뜻한 바다에서 일어납니다. 바다가 섭씨 27도 이상의 따뜻한 온도가 되면 높이 1만 2천m의 공기 깔때기가 생겨 거대한 구름 덩어리를 만들면서 공기가 이동하게 됩니다. 지구의 자전 운동은 이 공기 기둥을 회전시키게 되는데, 태풍은 이 때문에 일어나는 것입니다.

현재까지의 발생설을 종합해 보면 태풍발생의 온상이 되고 있는 적도전선은 한대전선과는 다르게 양측의 기류 사이에 온도나 수증기 함유량의 차가 적으며, 일반적으로 공기가 고온다습하여 대기는 불안정의 상태에 있기 때문에 적란운이 쉽게 발생하여 가끔 강한 스콜(Squall)을 동반합니다. 이 스콜이 처음으로 공기의 작은 소용돌이가 되며, 이것이 적도 부근에 모이게 됩니다. 이 소용돌이가 북동무역풍대의 동풍 중에 발생한 수평 파동 때문에 한곳으로 모이게 되면 소용돌이가 크게 됩니다. 이것이 바로 태풍의 씨앗입니다. 이 씨앗이 적도전선에서 기류가 모여 수렴이 강해지면 크게 되어 마침내 태풍이 되는 것입니다.

쑥쑥 원 플러스 원!

태풍의 이름은 어떻게 지어질까?

1978년 이전에는 여성의 이름만 사용하였습니다. 그러나 각국 여성단체로부터 피해가 큰 나쁜 자연현상에 여성의 이름을 붙이는 것은 성차별이라는 항의가 이어졌습니다. 그 후 남성과 여성의 이름이 함께 사용되고 있습니다. 2000년부터는 아시아태풍위원회에서 아시아 각국 국민들의 태풍에 대한 관심과 경계를 높이기 위해 각 국가별로 제출한 10개의 이름을 차례로 사용하고 있습니다. 우리나라에서 제출한 이름 10개는 개미 · 나리 · 장미 · 수달 · 노루 · 제비 · 너구리 · 고니 · 메기 · 나비이고, 북한에서 제출한 10개는 기러기 · 도라지 · 갈매기 · 매미 · 메아리 · 소나무 · 버들 · 봉선화 · 민들레 · 날개입니다.

태풍의 눈과 꼬리는 왜 생길까요?

'태풍의 눈'은 두꺼운 구름으로 둘러싸인, 태풍·허리케인·사이클론 등 열대저기압의 중심부에 나타나는 맑게 갠 바람이 없는 지대를 말합니다. 태풍의 눈의 지름은 30~50km 정도이지만, 때로는 100~200km에 이르는 경우도 있습니다. 태풍의 눈은 하강 기류이며, 주위에는 적란운이 있어 태풍의 눈이 통과한 지역에는 반대 방향으로부터 맹렬한 폭풍우가 불어 닥치는 것이 특징이고, 태풍의 눈 주변에서 최대 풍속을 보입니다.

태풍의 꼬리는 태풍이 만들어지고 이동하는 원리와 관계가 있습니다. 공기가 상승하면 그 공기가 있었던 자리는 비어 있게 됩니다. 하지만 대기는 끊임없이 순환하고, 비워진 곳을 대기로 메꾸려는 작용을 하기 때문에 주변에 있던 공기들이 그 비워진 곳으로 몰려들어오게 되는 것입니다. 이러한 현상이 벌어지는 곳을 저기압이라고 하는데, 저기압에서 공기는 급격하게 주변에서 몰려들어오며 상승하여 구름을 형성합니다. 잔뜩 만들어진 구름은 지구 자전의 영향을 받아 휘어져서 빠른 속도로 돌아가게 됩니다. 일단 꼬리의 정체는 그렇게 회전하는 구름이 길게 늘어진 것입니다. 위쪽 꼬리가 더 진하고 강한 이유는 태풍은 항상 반시계 방향으로 회전하기 때문입니다.

쑥쑥 원 플러스 원!

장마가 지는 이유는?

주로 초여름인 양력 6, 7월에 많이 내리는 비를
장마라고 합니다. 장마가 생기는 원인은 한여름에
발생하는 남동쪽의 북태평양기단과 초여름에 발생하는
북동쪽의 오호츠크해 기단이 만나기 때문입니다. 북동쪽의
오호츠크해 기단은 아래로 내려가려는 성질이 있고,
남동쪽의 북태평양기단은 위로 올라가려는 성질이 있습니다.
이 두 공기덩어리(기단)가 만나면서 엄청난 비가 내립니다.
만나는 경계선이 있는데 이 경계선을 '장마 전선'이라고
합니다. 오호츠크해 기단은 초여름에 발생하니까
북태평양기단보다 강합니다. 그러나 시간이
지날수록 북태평양기단이 강해지면
장마가 끝나게 됩니다.

파도는 왜 바다 쪽에서 육지 쪽으로만 칠까요?

바닷가에서 가만히 보면 바람이 육지로 불든 바다로 불든 항상 파도는 육지를 향해서 치고 있습니다. 이것은 바닷물 속에 있는 땅 때문입니다. 깊은 바다 한가운데에서는 바람이 부는 방향대로 파도가 치게 됩니다. 하지만 해변에서는 항상 육지를 향하게 되지요.

파도가 있기 전에 너울이 있습니다. 이것은 파도가 치기 전 단계라 할 수 있는 것으로, 물 표면의 충격이나 바람 등에 의해 발생합니다. 이러한 너울은 물의 표면이 위아래로 움직이는 현상입니다. 여기서 바닥이 평행한 바닥이면, 너울의 모습은 그 크기가 달라질 수는 있지만 변형되지는 않습니다. 하지만 바닥이 경사져 있다면 너울이 파도로 변하게 되고, 그 파도는 바닥 경사가 올라가는 쪽으로 부서지게 됩니다.

그 이유는 너울이 눈으로 볼 때 물 표면을 따라 전진하고 있지만, 실제 물은 단순히 상하 운동만 하고 위치는 변하지 않습니다. 올라갔다 내려오는 물이 양쪽으로 퍼지면서 자기는 내려가고 옆의 물이 올라가는데 경사진 바닥이 있으면 한쪽이 먼저 바닥의 영향을 받게 됩니다. 내려가면서 바닥과 충돌한 쪽의 물이 아직 충돌하지 않은 쪽으로 향하게 되어 너울이 찌그러지게 됩니다.

그래서 너울의 양쪽중 바닥이 깊은 쪽으로 물이 모이고, 그 반대쪽은 물이 상대적으로 작아지게 되어 파도가 물이 부족한 쪽으로 부서지게 됩니다.

쑥쑥 원 플러스 원!

탄산음료를 마시면 트림이 잘 나오는 이유는?

트림은 위에 있던 가스가 식도를 통해 구강으로 역류해 나오는 현상입니다. 식후에 트림이 잘 나오는데 이는 식사 중에 음식과 함께 위로 들어간 공기가 나오는 것입니다. 또한 탄산이 많이 포함된 음료수 즉 콜라나 사이다·맥주 등을 마신 후에도 트림이 나오는데 이는 음료수에 녹아 있던 이산화탄소가 기체 상태로 빠져 나오기 때문입니다. 트림으로 배출되지 못한 가스는 방귀로 방출되기도 합니다. 위신경증이나 위암 등의 병이 있는 경우에도 트림이 많을 수 있습니다.

풍선에서 새는 바람은 왜 시원할 까요?

풍선에 바람을 넣어 팽창시킨 다음, 갑자기 풍선 주둥이를 풀어 주면 시원한 바람이 새어 나오는 것을 경험했을 것입니다. 어디서 찬바람이 생긴 것일까요? 이것은 기체가 팽창할 때는 기체 온도가 내려가기 때문에 생기는 현상입니다.

공기가 팽창하면 온도가 내려가는 것은 산 위로 올라가면 서늘해지는 경험으로부터 알 수 있습니다. 특히 산이 아주 높을 경우에는 그 효과가 분명합니다. 겨울 산에는 낮에도 녹지 않고 흰 눈이 쌓여 있는 경우가 많은데, 이것은 높이 올라갈수록 공기가 팽창하여 기온이 낮아지기 때문입니다. 그러면 왜 공기가 팽창하면 온도가 내려갈까요? 기체는 활발한 운동 상태로 다른 기체와 계속 충돌하고 있는데, 팽창하면 기체들끼리 서로 멀어지면서 충돌하기 때문에 속력이 줄어들어 기체가 가지는 에너지가 작아지기 때문에 결과적으로 온도가 내려갑니다.

멀어지면서 충돌할 때 속력이 줄어드는 이유는 야구 방망이를 살짝 뒤로 빼면서 날아오는 야구공과 충돌시키면 야구공의 속력이 줄어드는 번트를 생각하면 알 수 있습니다. 열의 출입이 없이 기체가 팽창하거나 수축하는 과정을 단열과정이라고 하는데, 지금까지 설명한 것처럼 단열 팽창하면 기체의 온도가 내려가지만 반대로 수축시키면 온도가 올라갑니다. 이것을 응용하여 디젤 엔진에서는 점화 플러그 없이 연소실의 기체를 급격히 수축시켜 온도를 높여 점화시킵니다.

쑥쑥 원 플러스 원!

얼음에 손을 대면
왜 달라붙을까요?

금방 꺼낸 얼음은 상당히 차갑습니다. 그 얼음을
손에 대면 붙는 이유는 바로 손에 있는 물기 때문입니다.
손에는 느껴지진 않지만 땀이나 이물질 등 작은 물방울들이
맺혀 있습니다. 이런 물방울들에 얼음을 대면,
그 물방울들이 급속하게 냉각이 되어서 같이 얼어버리는
것입니다. 이것은 입술이나 혓바닥에도 가능합니다.
누구나 한 번쯤은 이런 경험이 있을 것입니다.
이럴 경우, 입에 물을 넣어주시면 쉽게
뗄 수 있습니다.

피곤하면 왜 코피가 날까요?

대부분의 코피는 콧속 점막의 작은 혈관 손상으로 일어나게 됩니다. 이것은 유전이나 암 등의 증상과는 상관이 없습니다. 그 밖에 감염·고혈압·코 안의 이물질·알레르기·종양·혈액질환·심장질환 등의 요인에 의해서도 나타납니다.

코피가 잘 발생하는 부위는 두 군데가 있습니다. 첫째로 콧속의 앞쪽 아래 부분의 점막에서 피가 나오는 경우인데 흔히 어린이들에게서 많이 발생합니다. 콧속의 앞쪽 아래 부분의 점막 부위는 혈관이 풍부한데다 점막이 얇아서 외상을 입기 쉬운 부분입니다. 그래서 코피도 쉽게 납니다.

보통 바깥 공기가 건조한 곳에서 오래 있게 되면 코 안이 마르게 되는데 이때 코를 후비거나 코를 세게 풀게 되면, 점막의 혈관을 건드려 코피가 나는 경우가 많습니다. 이때는 고개를 앞으로 숙이고 엄지와 검지로 코 옆을 잡고 10분 정도 있으면 대체로 지혈이 됩니다.

피곤하면 코피가 나는 경우가 많은데 피곤할 만큼 일을 열심히 했다면 분명히 몸에 무리가 갔을 것입니다. 그러면 몸의 윗부분으로 열이 몰리면서 콧속의 비점막에 있는 모세혈관이 그 기운을 이기지 못하고 터지는 것이 바로 코피입니다.

쑥쑥 원 플러스 원!

피부에 멍이 드는 이유는?

몸에 생기는 멍은 피부 아래에서 발생한 출혈 때문입니다. 일반적으로 타박상을 입게 되면 피부의 진피나 피하조직에 있는 모세혈관과 정맥 주위에서 출혈이 생기고 이 혈액이 응고해 멍이 됩니다. 거머리가 멍든 부분의 피를 빨면 부분적으로 나을 수도 있습니다. 거머리의 침샘에서 분비되는 마취성분 때문에 통증이 거의 없으며 역시 거머리 침에 들어 있는 하루딘이라는 혈액 응고제로 인해 거머리를 떼어내도 3~4시간 동안 계속 피가 흘러나오게 됩니다. 이와 같은 장점 때문에 많은 나라에서 거머리를 의료용으로 이용하고 있답니다.

122

피부에 상처가 나면 왜 흉터가 생길까요?

피부조직이 외부로부터 손상을 입었을 때 보호기능을 보존하는 것이 흉터라고 합니다. 우리의 몸을 외부로부터 보호하는 역할을 하는 것이 피부의 여러 가지 중요한 기능 중의 하나이며 이러한 피부조직이 외부로부터의 손상을 입었을 때, 피부의 보호기능을 보존하기 위하여 만들어내는 것이 바로 흉터입니다.

피부가 손상을 받게 되면, 피부조직에서는 섬유아 세포가 과잉 증식하면서 흉터살이라는 것을 만들어내는데, 이 흉터살의 양은 손상 후 약 3개월간은 계속 증가되어 최고조에 이른 후, 약 6개월에 걸쳐 서서히 줄어들면서 9개월이 지나야만 정상조직에 가까운 상태까지 회복됩니다. 실제로 상처를 입거나, 수술을 받은 경험이 있는 사람은 상처 부위가 처음에는 가렵기도 하고, 아프기도 하며 벌겋게 부풀어 올랐다가, 약 9개월 정도 지나면서 서서히 그러한 증상이 없어지고 색깔도 흐리게 변하면서, 점차 눈에 띄지 않게 되는 것을 경험하였을 것입니다. 흉터의 양이 적으면 적을수록 흉터의 질은 좋아지게 되는 것입니다.

흉터살을 많이 만들게 되는 조건으로는 염증, 불규칙한 봉합, 상처 부위의 과도한 긴장 등이 있고, 이러한 요소들을 줄일 수 있다면, 상처는 작은 흉을 남기고 나을 수 있게 되는 것입니다.

쑥쑥 원 플러스 원!

피부에 주름이 생기는 이유는?

태양의 자외선을 쬐었기 때문입니다. 자외선은 피부의 진피를 파괴해서 피부를 처지게 하고 주름도 생기게 합니다. 피부가 얇은 사람과 피부색이 밝은 사람일수록 주름이 생기기 쉬운데, 피부를 보호하기 위해서는 가능한 한 햇빛을 덜 쬐는 것이 좋습니다. 그리고 외출 때에는 자외선 차단제를 발라야 합니다. 노화된 피부는 젊은 피부보다 더 얇고, 더 적은 세포질로 이뤄져 있습니다. 현미경으로 보면 전에는 건강한 기저세포가 표피층 속에 반듯하게 세로로 늘어서 있던 것이 결함이 생겨 흐트러져 있는 것을 볼 수 있습니다. 나이가 들게 되면 콜라겐 섬유질이 수적으로나, 조직이나 밀도 면에서 줄어들게 됩니다.

하늘은 왜 파랄까요?

하늘이 파랗게 보이거나 바닷물이 파랗게 보이는 것, 또 저녁노을이 붉게 보이는 것은 모두 햇빛의 조화 때문입니다. 햇빛은 아무런 색깔이 없는 것 같지만 프리즘에 통과시켜 보면 빨강 · 주황 · 노랑 · 파랑 · 보라 등의 무지개 색깔이 보입니다. 이것을 빛의 분산이라고 하며, 햇빛이 여러 가지 색깔의 빛으로 되어 있다는 것을 말해 줍니다.

그런데 빛은 색깔에 따라 그 성질이 다릅니다. 즉 빨간색 빛은 공기나 먼지를 잘 통과하며, 파란색이나 보라색 빛은 공기나 먼지 알갱이에 부딪히면 사방으로 흩어집니다. 이러한 현상을 '빛의 산란'이라고 합니다. 따라서 햇빛이 공기 속을 지날 때 공기 분자나 작은 먼지 알갱이에 부딪히면 파란색 빛은 쉽게 산란되어 우리 눈에 들어오므로 하늘이 파랗게 보이는 것입니다.

바닷물이 파랗게 보이는 것도 마찬가지 이유입니다. 즉 바닷물

속으로 들어간 햇빛 중 파란색 빛은 바닷물 속에 들어 있는 작은 부유물 알갱이들에 부딪혀 산란되며, 그 산란된 파란색 빛이 우리 눈에 보이는 것입니다.

아침이나 저녁에는 태양이 지평선 근처에 있기 때문에 햇빛이 공기층을 지나 우리 눈에까지 오는 거리가 멉니다. 파란색 빛보다 산란이 잘 안 되는 붉은색 빛이 공기 속을 잘 통과하기 때문에 우리 눈에 노을이 붉게 보이는 것이지요.

쑥쑥 원 플러스 원!

햇볕을 받으면
살이 검게 타는 이유는?

바로 멜라닌 세포 때문입니다. 멜라닌이 뿜어 나오는 이유는 쉽게 말하면 멜라닌이 우리 피부로 들어오는 자외선을 흡수해서 자외선이 피부조직을 망가뜨리는 것을 방어해 주는 역할을 하는 것입니다. 그 멜라닌이 바로 검은 빛을 띠고 있기 때문에 피부가 검게 그을린 것처럼 보이는 것입니다. 이러한 이유 때문에 많은 양의 햇빛에 노출되면 살이 더욱 검게 타게 됩니다. 자외선의 양이 많아지면 그만큼 멜라닌도 많이 생성되기 때문입니다. 그리고 생성된 멜라닌은 각질에 붙어 각질과 함께 떨어져 나가고, 시간이 지나면 피부색은 원래대로 되돌아오게 된답니다.

하루에 흘리는 땀의 양은 얼마나 될까요?

신체 활동의 정도와 계절에 따라 다르지만 보통 하루에 5백~7백ml 정도 흘립니다. 장시간 더운 환경에 노출되어 있거나 강도 높은 운동을 하면 2천~3천ml까지 흘립니다. 1리터 음료수병을 2~3개 채운 양입니다.

현재까지의 기록에 따르면 사람이 의식을 잃지 않고 최대한 흘릴 수 있는 땀의 양은 1만ml입니다. 하지만 한 조사에 따르면 군인이 24시간 내내 훈련을 할 경우 하루에 1만 2천ml를 흘린다고 합니다. 프로 축구선수가 한 경기에서 4천ml, 마라톤 선수가 완주할 때 6천ml의 땀을 흘리는 것보다 훨씬 많습니다. 이렇게 장시간 많은 땀을 흘릴 경우 수분섭취가 제대로 이루어지지 않으면 운동능력이 심하게 떨어집니다.

예를 들어 체중의 2%(체중 70kg인 사람은 1천4백ml)에 해당하는 수분이 손실되면 운동능력이 20% 감소되며, 4%가 탈수되면 40% 감소된다고 합니다.

이외에도 탈수현상이 일어나면 근육이 경직될 뿐 아니라 수분 손실을 억제하기 위해 땀이 덜 분비되기 시작합니다. 그 결과 몸의 온도는 더 올라갑니다. 체온이 40~41℃ 이상으로 올라가면 사람은 의식을 잃습니다.

쑥쑥 원 플러스 원!

사막에 비가 자주 내리지 않는 이유는?

사막은 북회귀선과 남회귀선 부근에 많이 있습니다. 사막에 비가 거의 오지 않는 이유는 그 근처에서는 건조한 열풍이 불고 있어, 비를 내리게 하는 구름이 만들어지지 않기 때문입니다. 그 열풍은 먼저 적도 부근에서 따뜻해진 공기가 수증기를 품고 상승합니다. 상공에서 식으면 비를 내리고 수증기가 없는 건조한 바람이 됩니다. 이 건조한 바람이 남북으로 불다 온도가 낮아지는 남북회귀선에서 하강하는 것입니다. 이런 바람이 1년 내내 불고 있기 때문에 이 근처는 비가 오지 않고 자갈과 모래투성이인 사막이 되는 것입니다.

헬륨가스를 마시면 왜 목소리가 변할까요?

헬륨가스를 들이키면 목소리가 일시적으로 변합니다. 이런 현상을 흔히 '도날드 덕' 효과라고 부릅니다. 목소리는 폐에서 나오는 공기가 목 아랫부분에 있는 성대 중앙을 통과한 다음 발성 통로를 지나 밖으로 나오면서 만들어집니다.

성대의 긴장으로 인해 공기압력이 변화되고 성대와 그 사이의 공기가 진동해서 소리가 다양하게 나옵니다. 이때 소리의 진동수가 목소리의 높낮이를 결정하는데, 이런 과정을 통해 사람마다 각기 다른 목소리를 갖는 것입니다.

평균적인 성인의 목소리는 남자의 경우 130헤르츠(Hz), 여자의 경우 205헤르츠(Hz)의 진동수를 갖고 있습니다.

목소리를 변화시킬 수 있는 또 하나의 요인은 입안에 있는 공기의 종류입니다.

사람이 말을 하면 폐에서 나온 공기가 발성통로를 지나면서 입

안에서 공명을 하게 됩니다. 이때 입안에서 울리는 소리의 속도는 입안에 있는 공기의 밀도에 따라 달라지고, 결국 진동수가 달라짐에 따라 목소리가 변하는 것입니다.

같은 온도에서 헬륨의 밀도는 공기보다 낮기 때문에 헬륨을 통과하는 소리의 속도는 음속의 3배 정도 됩니다. 결국 입안에 헬륨이 있는 상태에서 말을 하면 이 소리의 주파수는 보통 공기의 경우보다 2.7배 정도 높으므로 이때의 목소리는 평상시보다 높아집니다. 보통 사용하는 헬륨 · 산소 복합기체는 약 68%의 헬륨을 지닌 것으로 이때의 목소리는 평상시보다 1.5 옥타브 정도 높게 들립니다.

쑥쑥 원 플러스 원!

축농증에 걸리면 머리가 나빠진다고?

축농증 자체 때문이 아니라 축농증으로 인한 두통 때문입니다. 또 축농증이 생기면 두통과 함께 얼굴에 압박감을 느끼게 되는데, 고개를 앞으로 숙이거나 머리를 움직이면 더 심해집니다. 공부를 하거나 책을 보는 자세는 고개를 앞으로 숙이게 되는데, 이런 자세는 축농증의 증상을 더 심하게 만듭니다. 증상이 심해지면 자연히 성적이 떨어질 수밖에 없습니다. 축농증을 곧바로 진단하여 치료를 받게 한다면 증상도 느끼지 않을 것이고, 일상생활이나 공부에 아무런 영향을 미치지 않을 것입니다.

126

혜성은 왜 꼬리가 있을까요?

혜성은 그 모양이 보통 별과는 달리 똑똑한 경계선이 없고 마치 희미한 전등불이 안개에 쌓여 있는 것같이 보이며 이것을 코마라고 부릅니다. 혜성이 태양으로부터 멀리 떨어져 있을 때는 코마도 꼬리도 없지만, 태양에 가까워지면 코마가 생기고 꼬리도 나타나며 꼬리는 점점 길어집니다.

혜성이 태양을 돌 때 그 꼬리는 항상 태양의 반대쪽을 향하는 것이 특징이며, 이 사실은 꼬리가 태양의 영향을 받기 때문이라는 것을 짐작하게 합니다. 연구에 의하면 태양열에 의해서 혜성의 물질인 물·이산화탄소·메탄·암모니아 등이 기화·증발하여 구름처럼 부풀어 오른 것이 코마입니다. 코마는 아주 가벼워서 태양으로부터 불어닥치는 태양풍에 의해서 태양과 반대쪽으로 휘날리게 됩니다. 태양으로부터는 그 맹렬한 내부 활동에 의해 전자가 고속으로 방출되는데 이것이 태양풍입니다.

혜성이 태양으로부터 멀어지면 꼬리는 다시 짧아집니다. 꼬리의 성분은 일부분 우주공간에 흩어져 없어지기 때문에 혜성은 결국 그 질량이 점점 작아지게 되는 것입니다.

쑥쑥 원 플러스 원!

무중력 공간에서 불이 나면?

무중력 상태에서 촛불은 조금만 타다 꺼져버립니다. 산소공급이 원활하지 못하기 때문입니다.
보통 지구상(중력장 내)에서 촛불에 불을 붙이면, 초가 연소되고 난 뜨거운 불연가스들은 위로(중력장 내부이므로 부력 때문에 위로 올라감) 올라가고, 그 빈 공간을 다른 맑은 공기(산소가 많이 있는 공기)가 공급되어 계속 탈 수 있게 됩니다. 이런 이유로 촛불이 위쪽으로 뾰족해지는 것입니다.
그런데 무중력 상태에서는 초에 불이 붙은 후에는 연소된 후의 가스는 어디로 가지 않습니다. 한마디로 조금 타다 보면 타고 난 불연가스 덩어리 속에 촛불이 있게 되는 것입니다. 새로운 공기 공급이 원활히 되지 못해 불꽃이 크게 일어날 수 없습니다.

홀로그램, 홀로그래피란 무엇일까요?

엑스포 과학공원의 전시관 중에서 아이들에게 인기가 높은 것 중의 하나는 3차원 입체영상, 즉 홀로그래피를 볼 수 있는 곳입니다.

일반적으로 홀로그래피란 사진 필름과 같은 감광재료에 물체를 기록한 후 재생할 때, 입체영상을 눈으로 볼 수 있게 하는 기술을 말합니다. 이때 3차원 입체영상을 기록한 감광판을 홀로그램이라고 합니다.

레이저 광선을 이용해 촬영된 필름 위에 적당한 각도로 조명을 비추면 감상자는, 시차효과를 지닌 3차원 영상미를 볼 수 있습니다. 그 영상은 작품 표면 앞으로 튀어나오거나 뒤로 깊숙하게 들어가 보이기도 합니다. 이때 같은 공간 내에 여러 가지 모양이 존재하며 보는 사람의 움직임에 따라 각기 달리 보이기도 합니다.

빛이 물체에 부딪쳤을 때 물체에서 반사된 빛이 인간의 눈에 들어오게 되는데 이 빛이 만드는 물체의 영상을 렌즈를 이용해 필름에 기록한 것이 사진입니다. 이때 사진은 3차원 입체영상으로 물체를 재생하지는 못합니다. 물체의 밝고 어두운 정도를 나타내는 진폭과 물체의 위치를 표시하는 위상을 모두 기록할 수 있어야 입체영상의 재현이 가능합니다. 홀로그래피는 바로 이것을 가능하게 합니다. 간섭무늬가 기록된 사진 필름에 빛을 비추면 사진 필름 속에 갇혀 있던 물체의 빛이 흘러나와 우리 눈에는 마치 실제로 3차원의 물체가 있는 것처럼 보입니다.

쑥쑥 원 플러스 원!

홀로그래피 기술은 생활에 어떻게 활용될까요?

가장 흔하게 볼 수 있는 것은 신용카드입니다. 신용카드의 위조를 방지하기 위해 회사 심볼을 홀로그램 스티커로 만듭니다. 또 위조를 방지하기 위해 각종 상품권에도 이용되고 있습니다. 미국의 한 식품업체에서는 사탕에도 보는 각도에 따라 색깔과 모양이 달라지도록 홀로그래피 영상기법을 도입했습니다. 그러자 아이들에게 큰 인기를 끌게 되었고, 국내에서도 제과업체들이 과자 속에 홀로그래피를 응용한 스티커를 넣어 판매를 높이고 있답니다.

267

화가 나면 왜 얼굴이 붉어질까요?

사람은 난처한 일이 벌어지거나 당황하면 자기도 모르게 얼굴이 붉어집니다. 또 부끄러워져도 얼굴색이 발갛게 변하게 됩니다.

물론 술을 마셨을 경우에도 종종 그렇습니다. 이것은 간에 알코올 분해 효소가 없을 때 나타나는 현상입니다. 우리나라 사람의 30% 정도가 그렇다고 합니다. 알코올 분해성분이 없어서 독성으로 작용한다고 합니다.

부끄러움으로 얼굴이 붉어지는 이유는 얼굴이나 목의 피부 아래 모세혈관이 확장되면서 표면으로 인접해 평소보다 많은 피가 흐르게 되어 보통 때보다 붉어지게 되고 많아진 피가 열을 내기 때문에 얼굴이 화끈해지는 것을 느끼게 됩니다. 왜 이런 현상이 일어나는지는 정확하게 밝혀져 있지 않습니다.

또 좋아하는 이성 친구를 만났을 때도 얼굴이 붉어집니다. 이러한 경우는 뇌가 분비하는 화학물질 영향 때문이라고 합니다. 대뇌 생리 현상으로 볼 때, 이런 현상은 지극히 정상적인 일입니다. 뇌가 가진 기분을 신체가 잘 나타내고 있는 것이므로 좋은 상태라고 할 수 있습니다.

쑥쑥 원 플러스 원!

달걀을 먹으면 콜레스테롤 수치가 높아진다?

달걀에 콜레스테롤 함량이 비록 높다 하더라도 노른자위에는 레스친이 많이 함유되어 있어 혈중 콜레스테롤의 증가와는 무관하다고 합니다. 레스친은 필수지방산이기 때문에 심혈관 질환에 나쁜 영향을 미치는 나쁜 콜레스테롤을 낮추는 기능을 해줍니다. 따라서 달걀의 콜레스테롤은 우리 몸에 필요한 곳에 유용하게 이용되고, 혈중 콜레스테롤 수치의 증가에 아무런 영향을 미치지 않습니다. 날마다 먹을 경우 오히려 건강에 이로울 수 있다고 합니다.

황사는 왜 해로울까요?

황사란 이른 봄에 중국 북부의 타클라마칸 사막, 몽골 고원의 고비 사막 등에서 편서풍에 휩쓸려 우리나라에까지 날아온 미세한 먼지를 말합니다. 중국은 이를 모래폭풍이라고 부르고, 일본은 '상층 먼지', 세계적으로는 '아시아 먼지'라고 부르고 있습니다.

황사가 불 때면 먼지의 양이 평상시의 4~5배로 증가합니다. 그것도 마그네슘·철·칼슘·납·알루미늄 등 우리 몸에 해로운 물질을 가득 담고 있습니다.

황사의 미세먼지는 머리카락 굵기의 7분의 1밖에 안 될 만큼 작습니다. 코와 기관지의 점막에 걸러지지 않고 혈액이 산소를 맞아들이는 허파꽈리까지 도달합니다. 폐에 염증을 일으키고 감염을 쉽게 만들며 천식을 악화시킵니다. 미세먼지 속에 품은 중금속이나 유해 화학물질을 혈액 속에 곧바로 풀어놓기도 합니다. 미세먼지로 폐가 손상을 받으면 혈액의 점성이 늘어나 심장마비의 위험이 커진다는 사실도 밝혀졌습니다.

어린이에게는 더욱 나쁜 영향을 끼칩니다. 신진대사가 왕성해 단위 체중 당 호흡량이 어른보다 50%나 많습니다. 어릴 때 고농도의 미세먼지에 노출되면 폐의 발달이 방해 받아 평생 지장을 받기도 합니다. 무엇보다 미세먼지는 다른 어떤 오염물질보다도 수명단축의 직접적인 원인이 됩니다. 여러 연구에서 미세먼지 농도가 $10\mu g/㎥$ 증가하면 며칠 뒤 사망률이 1%쯤 늘어난다는 사실이 밝혀졌습니다. 사막이나 화산에서 나온 미세먼지는 매연 같은 인위적 미세먼지에 비해 인체에 끼치는 영향이 적습니다. 문제는 황사 속에 중국과 우리나라 산업체에서 배출된 각종 오염물질이 한데 섞여 있다는 점입니다.

쑥쑥 원 플러스 원!

황사의 피해를 줄이려면?

첫째, 황사의 피해를 최소화하기 위해서는 황사가 불 때는 실외 외출을 삼가는 것이 좋겠습니다. 둘째, 부득이 외출할 때에는 첫째, 마스크나 선글라스 등을 착용해야 합니다. 셋째, 외출 후에는 꼭 손발을 씻고 양치질을 합니다. 넷째, 황사가 지나간 후에는 집 안팎 물청소를 합니다.

흰머리는 왜 생길까요?

흰머리는 모근에 멜라닌 색소가 없어져 생기는 증상입니다. 기본적으로 노화 현상 중의 하나로 볼 수 있습니다. 노화나 비타민 부족 등으로 모근의 멜라닌 색소가 더 이상 검은색을 만들어 내지 못해 하얗게 보이는 것입니다. 모근에 색소가 없기 때문에 흰머리를 뽑아도 더 이상 검은 머리는 나지 않습니다. 수면부족이나 자외선 과다 노출·차고 건조한 바람·땀과 기름·먼지·과다한 염색 등도 모발을 오염시켜 모발 노화의 원인이 되기도 합니다.

젊은 사람 중에도 흰머리로 고민하는 경우가 있는데 이는 유전적인 영향이 가장 큽니다. 유전이 아니더라도 발진티푸스·말라리아·독감 등 질병, 당뇨·원형탈모증·백반증·영양실조·빈혈·갑상선 등 내분비 질환 때문에 흰머리가 생길 수도 있습니다. 또 정신적 충격 등 극심한 스트레스에 의해서도 머리가 하얗게 셀 수 있다고 합니다. 스트레스 · 충격 등으로 혈액 순환이 원활히 이뤄지지 않아 모근 기능이나 호르몬 분비에 변화가 생겨 머리카락에 영향을 끼친다는 것입니다.

그렇지만 흰머리는 서서히 증가하기 때문에 하룻밤 새 백발이 되는 경우는 거의 없습니다. 빈혈 때문에 일시적으로 흰머리가 생긴 경우에는 비타민 B를 복용하면 다시 회복될 수도 있다고 합니다.

쑥쑥 원 플러스 원!

멍든 곳을 달걀로
문지르면 효과가 있을까?

효과가 있습니다. 몸에 생기는 멍은 피부 아래에서 발생한 출혈(피하출혈) 때문입니다. 타박상을 입게 되면 피부의 진피나 피하조직에 있는 모세혈관과 정맥 주위에서 출혈이 생기고 이 혈액이 응고해 멍이 됩니다. 이때 멍이 푸르게 보이는 이유는 혈액이 살갗에 비쳐 보이기 때문입니다. 특히 눈에 멍이 들면 보통 달걀로 문지르는데 이는 혈액 순환을 촉진시키고 응고된 피를 없애주는 효과가 있다는 것이 맞습니다. 하지만 꼭 굳이 달걀을 하는 이유는 손에 적당한 크기로 들어가서 얼굴 부위를 적당히 마사지를 해주어야 하는데, 달걀이 크기와 모양 면에서 가장 적당하기 때문이라고 봅니다.

물고기도 땀을 흘릴까?

물고기는 땀을 흘리지 않습니다. 하지만 어떤 물고기는 땀 흘리는 것과 흡사한 작용을 합니다. 우리는 땀을 흘릴 때 수분과 함께 염분을 빼앗깁니다. 소금물 속에서 사는 물고기는 물 속에서 너무 많은 염분을 섭취하기 때문에 역시 많은 염분을 배출해내지 않으면 안 됩니다. 특수한 염분 세포가 이 일을 돕는데, 그 세포들은 물고기 껍질 부근에 자리잡고 물고기에게 불필요한 염분 을 물로 배출하는 역할을 합니다. 이런 의미에서라면 물고기도 땀을 흘린다고 볼 수 있습니다.

기차 레일의 이음매에는 왜 틈이 있을까?

대부분의 물체는 온도가 오르면 커지고, 온도가 낮아지면 줄어듭니다. 눈에 보이지 않을 정도지만. 여름철 뜨거운 태양열을 받는 철에 손을 대면 델 정도로 뜨겁습니다. 레일의 온도가 40℃ 이상 되면 25m의 레일이 약 1.3cm 늘어납니다. 레일 이음매에 틈이 없으면 레일이 휘게 됩니다. 열차가 지나갈 때 덜거덕 소리가 나는 것은 바로 이 이음매에서 나는 소리입니다.

유리에 글씨를 쓸 수 없는 이유는?

유리는 표면이 거침이 없어 매끄럽습니다. 글씨가 써진다는 것은 확대해서 본다면 꺼끌꺼끌한 표면에 먼지가 끼는 것과도 같습니다. 흑탄이 먼지라면 꺼끌꺼끌한 표면이 흑탄을 꽉 잡아주는 셈입니다. 종이는 표면이 유리와 같지 않습니다. 흑탄이 낄 만큼 거친 표면을 갖고 있다고 생각하면 됩니다. 유리는 그런 거친 표면을 갖고 있지 않기 때문에 글씨가 써지지 않습니다.

닭이 유리나 모래를 먹는 이유는?

닭은 이빨이 없는 대신 식도 바로 밑에 모래주머니라는 기관을 가지고 있습니다. 모래주머니 속에는 주워 먹은 유리 조각과 돌·모래 등이 가득 차 있습니다. 모래주머니의 역할은 식도로 들어가 모래주머니에 싸여 있던 먹이들을 잘게 부숴서 소화하기 쉬운 형태로 만듭니다. 즉, 모래나 유리가 이빨과 같은 역할을 하는 것입니다. 닭이 모래를 사용하는 용도는 또 하나 있는데 바로 모래 목욕입니다. 햇볕이 따뜻한 날 모래밭에서 날개를 푸드덕거리며 온몸에 모래를 끼얹습니다. 이렇게 모래로 목욕을 하면 새버룩이나 기생충 같은 것들이 떨어져나가 온몸이 깨끗하게 된답니다.

녹은 왜 슬까?

녹은 산소와 접촉이 많을수록, 물(수분)과의 접촉이 많을수록, 염분이 있을수록 더 빨리 습니다. 민물도 녹이 슬지만 바닷물보다는 염분이 적어서 그 속도가 느립니다.

긴장하면 가슴이 두근거리는 이유는?

심장이 두근거리는 것을 느끼는 것은 그만큼 심장이 뛰는 박동의 수(심박수)가 빨라졌다는 이야기입니다. 긴장이 되거나, 좋아하는 사람을 만나면, 몸의 긴장을 풀어주기 위해 아드레날린이라는 호르몬이 몸에서 분비되게 됩니다. 이 호르몬이 심박수를 빠르게 해주는 역할도 하기 때문에 심장이 빨리 뛰게 되는 것입니다.

Tip

속이 쓰릴 때마다 우유를 마시는 것이 좋을까?

그렇지 않습니다. 우유가 위벽을 보호한다는 사실만 알고 속이 쓰릴 때면 무턱대고 우유를 마시는 것은 병을 악화시킬 수가 있습니다. 속이 쓰릴 때 우유를 먹으면 좋아지는 것은 약알칼리성인 우유가 위에 있는 산을 희석시키기 때문입니다. 문제는 우유가 일단 쓰린 속을 잠시 달랠 수는 있어도 곧 다시 위산의 분비를 촉진시킨다는 것입니다. 따라서 잠시 증상이 좋아지지만 얼마 후 다시 위산이 많이 나오게 되기 때문에 오히려 속을 더 쓰리게 할 수 있습니다. 하루한두 잔의 우유를 마시는 것은 상관없지만, 속이 쓰릴 때 습관적으로 우유를 마시거나 자기 전에 마시는 것은 바람직하지 않습니다.

공기가 없어도 별이 반짝일까?

그렇지 않습니다. 원래 밝기가 바뀌지 않는 별은 공기가 없는 곳에서는 반짝이지 않습니다. 우주정거장에 설치된 망원경을 통해 보이는 별은 반짝이지 않습니다. 또 달처럼 공기가 없는 곳에서 별을 보면 반짝이지 않는답니다.

커피를 마시면 왜 잠이 오지 않을까?

카페인 때문입니다. 카페인은 커피뿐 아니라 동양의 찻잎에도 1~5%, 아프리카의 콜라 열매에도 3% 정도 존재하는 백색의 연한 결정이랍니다. 커피에는 카페인이 평균 0.8~2.3%가 포함되어 있는데, 의학적 효과가 있어 흥분제, 또는 이뇨·변통·진통 등에 사용되는 것으로 알려져 있습니다.

커피에 함유된 카페인이 인체에 치명적인 영향을 미치는 것은 아니지만, 지나치게 많이 섭취하면 신경과민·불면·떨림·두통 등을 일으키는 것으로 알려져 있습니다.

275

산에서 자주 날씨가 바뀌는 이유는?

이동하는 공기가 산에 막혀 강제로 상승하기 때문입니다. 에베레스트 산 같은 높은 산의 경우, 날씨를 예측하기란 아주 어렵습니다. 맑게 갰다가도 금세 안개나 폭우나 폭설이 내리는 경우가 많습니다. 그 이유는 기압을 따라 이동하는 공기가 산에 막혀 강제로 상승하기 때문입니다. 이때 산에 막혀 강제로 상승하면 온도가 1도 정도 내려갑니다. 100m 공기가 상승하기 때문입니다. 이때 공기 중의 수증기가 모여 쉽게 물방울로 변하게 됩니다. 이렇게 구름이 형성되고 비도 내리게 되는 것이지요.

방사능은 왜 위험할까?

생체 기관에 대한 방사선의 피해는 신체상의 손상 또는 유전학적 손상으로 구분할 수 있습니다. 신체상의 손상은 생체 기관 자체에 손상을 주어서 병이 나게 하든지 죽게 하는 것입니다. 많은 양의 방사선을 받게 되면 그 효과는 즉시 나타납니다. 적은 양의 조사량에 대해서는 그 손상이 보통은 암과 같은 형태로 몇 년 후에 나타납니다. 유전학적 손상은 유전적인 인자에 손상을 주어서 그 자손에게 나쁜 기능을 나타나게 합니다.

벌레에 물렸을 때 침을 바르면 효과가 있을까?

벌레에 물렸을 때 침을 바르면 일시적으로 가려운 것이 덜할 수는 있습니다. 벌레가 갖고 있는 독은 대부분 산성이므로 알칼리성인 침을 바르면 상처가 중화되기 때문입니다. 하지만 침에는 1ml당 1억 마리 이상의 세균이 있어 감염으로 인해 상처를 악화시킬 염려가 있다는 것도 잊으면 안 됩니다.

알코올로 몸을 닦으면 시원한 이유는?

알코올로 몸을 닦을 때 시원한 것은 증발현상 때문입니다. 알코올을 피부에 대 보면 시원하면서 물기가 즉시 없어지는 것을 볼 수 있는데, 이것은 알코올이 증발하면서 몸의 열을 빼앗아가기 때문입니다. 물보다 알코올이 더 시원한 것은 알코올이 더 빨리 증발하기 때문입니다. 알코올은 소독 기능도 있어서 주사 맞기 전에 알코올이 묻은 솜으로 주사 맞을 부분을 닦아 소독합니다.